U0394354

享受培育
无花果的乐趣

图解 **无花果**
优质栽培与加工利用

[日]细见彰洋 著

赵长民 译

机械工业出版社
CHINA MACHINE PRESS

序

被誉为生命树

 致栽培无花果的人们的开场白

当从茂密的叶间露出已上色的果实时，人们往往会不由自主地想伸手去摘，以便能立即品尝到在口中扩展的甜味……而果实也正好请求人们品尝，这在生活当中是不多见的好事。在庭院栽培时感受到乐趣是其出发点，对于果树来讲，被品尝也是它的初衷之一。

本书从这样的果树当中选无花果来介绍，虽说它不像柑橘和苹果那样多见，但是它在庭院栽培中从古代就一直很受欢迎。如同俗话所说的"桃栗三年柿八年"，一般的果树要经过一定的树龄才能结出果实，而无花果在栽植的当年就能坐果，第2年就可采摘到果实。虽说无花果属于果树，但是栽培它就像栽培西红柿那样轻松，而且果实经过3个月就会逐渐成熟。在每天的饭桌上放上适量的水果，如果选择无花果这样的就可以说是非常豪华了。虽说大多数的人希望采摘到完熟的果实，但是对于成熟度的喜好因人而异。另外，无花果作为做菜用的材料，有时就需要不太成熟的，所以说完全成熟的不一定就是最合适的。如果要随时采摘到成熟度最适宜的无花果，那么在庭院中栽培不是更好吗？因为无花果在成熟期会成熟得很快，今天采摘的和明天采摘的，成熟度会相差很大。这微妙的采摘时机，体现了庭院栽培果树的真正价值。

无花果不仅采摘时期非常讲究，栽培方法也很有学问，把培养出色的果实作为目标，所付出的努力也会不一样。本书虽然只是介绍了无花果栽培的基础知识，但是如果它能对您有所启发，使您在逐渐熟练的栽培过程中找到最适合自己的栽培方法和乐趣的话，我也会感到非常高兴。

富含膳食纤维、
果胶的健康水果

日本每年大约生产 12000 吨无花果，但是这不包括庭院栽培的数量。因为无花果是庭院栽培果树的典型代表，所以这部分自产自用的数量也不应该被忽视。

如同"享受培育无花果的乐趣"的初衷一样，本书不但介绍了培育无花果的方法，还介绍了如何结出漂亮的果实，以及如何提高产量、享受美味的方法等。每个人对果树栽培的认识都会有所不同，我希望通过本书，对栽培无花果的读者做到自给自足能助上一臂之力。

在本书出版发行之际，承蒙先进的无花果生产者藤井延康、居村好造、谷英野之爽快地允许我对他们培育的品种、栽培环境等进行摄影、拍照，还在取材、拍照等方面给予大力支持的每一位同志，在此表示由衷的感谢。另外，身为营养师的夫人细见和子在果实加工和营养方面进行了讲解，给予了大力支持，在此也一并表示感谢。

细见彰洋

无花果植株健壮，容易栽培

很受众人喜欢的水果

3

本书的使用方法

◆关于无花果的果实，本书介绍了它的生产历史和产地，建议重点阅读无花果的栽培方法，还有吃法和做菜方法。没有必要按顺序阅读，对于纯理论性的内容可往后推，建议先阅读生物学特性、品种、栽培方法、做菜的方法等大家所关心的部分。

◆在栽培方法和利用的介绍中，对必须要做的工作用粗字体书写。我想尽可能地满足读者对所有知识的了解，但是作业的必要程度有的强有的弱，也不一定要全部按照书上的方法来栽培。首先请留意书中粗体字部分，然后再按照说明认真地进行作业。

◆栽培的时期，以日本关西的平原地区⊖。但由于地域不同，其生长发育时期、采摘期等或提前或拖后，请根据具体地域判断。

◆本书的内容，包含了作者曾经在《和歌山的果树》61卷6~8号中连载的一部分内容。

甘露煮做成的茶点

自然并且有甜味的无花果果酱

⊖气候类似我国长江流域。——译者注

目 录

序
本书的使用方法

第一章　无花果的魅力、生物学特性和种类 / 7

无花果的起源和传入 / 8
人类最早的栽培植物！？ / 8
生命树之说 / 8
蓬莱柿和玛斯义·陶芬 / 9
对"果实裂果"的不同看法 / 10

扩大无花果产业发展的机遇 / 11
在主要消费地的周围发展 / 11
生吃、加工都很受欢迎 / 12
从古至今一直是有益于身体健康的果实 / 12

无花果的树形、成熟与采摘 /13
冬季别开生面的风景 / 13
采摘是深夜的工作 / 14

作为果树的独特生物学特性 / 16
桑科无花果属的果树 / 16
在新梢上结出果实 / 16
悄悄地开密密麻麻的花 / 18
由花到果实 / 19
果实的数量和叶的关系 / 20
秋果和夏果的顺序 / 20
从冬枝上就可看到过去与未来 / 21
平常看不到的地下部 / 22

无花果的品系和种类 / 23
根据授粉的需要进行分类 / 23
根据采摘时期进行分类 / 24
根据用途等进行分类 / 24
品种名的混乱 / 26

第二章　无花果的优质培育方法 / 27

主要的普通种和夏果专用种 / 28
主要的普通种 / 28
夏果专用种 / 37

适于庭院栽培的品种选择 / 38
如果拿不准就直接选玛斯义·陶芬 / 38
选择品种时需注意的问题 / 38

一年中的生长发育时期和作业历 / 40
休眠期的管理作业 / 40
生育期的管理作业 / 41

栽植场所的选择和准备 / 42
栽植场所的选择 / 42
栽植场所的准备 / 42

苗木的购买和栽植 / 44
苗木的种类和选择方法 / 44
栽植的要点 / 45
栽植后的管理 / 48
关于另行栽植 / 48

生长发育期的管理 / 49
新梢伸长期的基本作业 / 49
从切口处流出乳液 / 49
杯形整枝的培育方法 / 50
栽植第 1 年的枝管理（一字形整枝）/ 54

坐果期的管理和采摘要点 / 58
果实的膨大、成熟 / 58
为了促进成熟的处理 / 59
采摘适期和采摘要点 / 60
采摘果的味道和保存期 / 61

适时适量地进行水分管理 / 62
适当地进行水分管理 / 62
浇水的大体标准和方法 / 62

土壤管理和施肥的要点 / 63
施肥时应注意的要点 / 63
有机物、堆肥的施用 / 63
在庭院中也能进行的土壤检测 / 64

病虫害、生理性障碍的对策 / 66
不依赖农药的预防方法 / 66
天牛类 / 66
粉蝶灯蛾 / 67
叶螨 / 67
蓟马 / 67
疫病 / 68

锈病 / 68
黑霉病 / 68
根结线虫 / 69
重茬地 / 69
枯萎病 / 69
冻害 / 70
叶片的异常 / 70
果实的异常 / 71

问题很多的树再生的方法 / 72
把一定数量的新梢进行均等的配置 / 72

即使在庭院中也能简单地进行插枝 / 74
利用插枝进行繁殖 / 74
插条的选取 / 74
插枝的方法 / 74

盆钵、木箱栽培的要点 / 76
能充分利用有限的空间 / 76
用盆钵、木箱栽培的方法 / 76
修剪的要领 / 80

第三章　无花果的营养、利用和加工 / 81

无花果的营养和功能 / 82
最早作为人类食物来源的水果 / 82
主要的营养成分 / 82
含有丰富的食物纤维 / 83
无花果蛋白酶 / 83
多酚等 / 84

无花果的利用和加工 / 85
品尝它的原味 / 85
果酱 / 86
蜜饯 / 87
蜜饯冻 / 88

凯撒沙拉 / 88
无花果梅酒冰激凌 / 89
无花果大福 / 89
无花果冰棍 / 90
无花果馅饼 / 91

干燥和冷冻的保存方法 / 92
干果 / 92
用烘干机烘干 / 93
用烤箱烘干 / 94
冷冻保存与解冻 / 94

参考文献 / 95

第一章

无花果的魅力、
生物学特性和种类

普通栽植，即使不经授粉也能结果

无花果的起源和传入

●● 人类最早的栽培植物！？

无花果有从阿拉伯半岛起源的说法，据说在1万年前的遗迹中发现了矿质化的无花果果实，有人类最早的栽培植物之说。中东地区的无花果在栽培不久便沿着地中海沿岸向西扩展，现在这个地区仍然大量地种植无花果。

无花果于16世纪传入美国，一直到现在，以中东地区为首，美国和欧洲的很多国家都在进行连续的品种改良。另一方面，在东方，无花果栽培从很早就开始扩展，在8世纪前后传入中国，又从中国传入日本，也有在15世纪中叶从欧洲传入日本之说。

晒制中的无花果

售卖的无花果

贝原益轩的《大和本草》（1709）中记载着无花果自西南地区引入（日本国立国会图书馆藏）

●● 生命树之说

在公元前25世纪前后的美索不达米亚文明的遗迹中，刻有很多葡萄和无花果的图案。

在公元前6世纪前后，"无花果"这一名字作为文字也出现了，在古代希腊的诗文中就有记载。

另外，在《旧约全书》中，伊甸园里亚当和夏娃用无花果的叶子缠绕在身上的一段故事非常有名。在希腊神话中也有很多有关无花果的故事。在古罗马，是酒神巴克斯把无花果传播开的，因为无花果有能结很多果实的习性，也是多产、生命的象征。

被认为是出售装饰品商店的无花果点心店（意大利奇伦托） 欧洲的无花果园

这样多的遗迹和传说，表明无花果对于人类来讲是有着很深的历史渊源的水果。

被称作日本原有品种的蓬莱柿

● ● 蓬莱柿和玛斯义 · 陶芬

传入日本的无花果，总括起来是从江户时代开始生产的，据说广岛一带是日本无花果的原产地。当时的栽培品种虽然不确定，但是很早的时候就认为日本的原有种蓬莱柿就是从那时开始栽培的。

到明治时期，日本试着引进了各种各样的无花果品种。其中，在明治末期由广岛县的井光次郎从美国引

蓬莱柿耐寒性强，栽培地域广

玛斯义·陶芬

玛斯义·陶芬的完熟果　　　熟果像铃铛一样的玛斯义·陶芬

蓬莱柿

进、育成的玛斯义·陶芬备受关注，它和国外种植的品种圣皮埃罗非常相似，两者可能就是同一品种。

　　不管怎样，玛斯义·陶芬果实大、产量高，在各地很受欢迎，所以迅速推广开来。现在，日本栽培的无花果大约有 70% 是这个品种。

　　另外，现在在广岛及其以西地区，蓬莱柿仍然有较大的栽培面积。

蓬莱柿的熟果顶部易裂开

●• 对"果实裂果"的不同看法

　　蓬莱柿的果实比玛斯义·陶芬的略小，但是有酸味，味道浓厚。成熟时果顶部有较大的裂缝是其特征。

　　对有裂缝的果实，人们的看法多种多样。例如，在日本关西地区的人就认为那是熟大了，开始腐烂了。与此相对应，在广岛以西地区的人就认为没有裂开的果实还没有成熟。

　　熟不熟尝一下就知道。不过，对同品种的无花果，由于地域不同而对"果实裂果"这一事就有如此不同的看法，还是很有意思的。

扩大无花果产业发展的机遇

●● 在主要消费地的周围发展

现在，日本国内大约有 1000 公顷的农地用于种植无花果（2013 年度，日本农林水产省调查数据），总产量约 12000 吨，在世界上排第 15 位，略微超出排第 16 位的中国 [2014 年，联合国粮食及农业组织（FAO）调查数据]。

这不过是中日两国果品当中一个小品种的竞争，因为像苹果、柑橘类、柿子、葡萄、梨等这些主要水果的生产，一般都是中国第一，所以无花果这个品种的产量还是值得特别一提的。

玛斯义·陶芬是日本的主要栽培品种

果皮薄、紫褐色（玛斯义·陶芬）

在日本各都道府县当中，无花果栽培面积最大的要属爱知县，另外，兵库县、大阪府、福冈县、广岛县等一直都是栽培面积较大的地区。因为无花果的果实很容易被碰伤，所以总是以离消费地近的城市郊区作为生产地进行发展。

在运输手段发达的今天，在无花果主要产地周边的地区也在进行扩大生产了。例如，比较新的产地——和歌山县的无花果栽培面积迅速扩大，在短短的几年内就上升到日本的第 2 位，在关东和北陆等地也有扩大栽培的倾向。

都市近郊的无花果园（日本大阪府羽曳野市）

无花果的大部分品种适宜在日本关东以西地区栽培，某些品种能在日本东北地区栽培，但是在北海道栽培的话就有点儿困难了。

●● 生吃、加工都很受欢迎

以前，无花果的消费者主要以在儿童时代替点心吃了以后味道难以忘记的老年人为主。但是近年来在超市、农产品直营店、小商店里买到无花果的机会也增加了。作为能给人们带来季节感的水果，无花果的人气越来越高。

果大并且有清爽味道的玛斯义·陶芬

另外，无花果不仅可以生吃，还可进一步加工，这一点也备受关注。无花果果酱不用说，利用无花果的独特味道制成的点心数量也在增加，并被年轻人当成豪华的食材。

●● 从古至今一直是有益于身体健康的果实

无花果从古代起就一直作为药材。在日本江户中期的《和汉三才图绘》中记载了无花果果实的功能，可用于调理胃肠、治疗咽喉痛和痔瘘等。

无花果作为有季节感的水果，近年来人气倍增（日本大阪南阿斯卡台库路待羽曳野店）

现在，把无花果当作药材用的已经很少了，但是它调理胃肠的作用已被大家认可，并因此被确定是一种健康的水果。关于无花果对人体健康的有益成分和功能等，在第3章中还将有详细的解说。同时，人们将无花果看作健康食品也是推动日本无花果消费的原动力。

无花果的树形、成熟与采摘

●● 冬季别开生面的风景

也许是因为很少有机会参观无花果的栽培现场，特别是在冬季。冬季到产地时，发现水田、旱田并存，树形略有变化的大片无花果树整齐地排列着，所以人们对无花果树木的印象是一道不可思议的风景。

杯形玛斯义·陶芬果树，就像从地面上伸出的章鱼足；一字形的树排成一列，从主轴上伸出的枝就像蜈蚣的足一样。

另外，可以看到，蓬莱柿的树和梨树一样，很多在平架上伸出骨干枝。这些形状并不是树本来的形状，而是生产者经过精心整理形成的。

无花果在果树当中是比较容易坐果的，如同后面所述的，不管什么树形，只要配置上一定数量的枝，并且有一定的空间，就

杯形整枝树冬季的树姿（日本大阪府柏原市）

一字形整枝树冬季的树姿（日本大阪府羽曳野市）

采摘成熟的无花果

能采摘到一定量的果实。这是很
难得的一个优点。因此，可结合
树形加上作业管理，通过各种培
育方法对无花果进行栽培。

●● 采摘是深夜的工作

关于采摘，后面还将详细地
介绍。无花果的果实有两个成熟
期：夏季到秋季和第 2 年的初夏
分别叫作秋果和夏果。

日本栽培的无花果几乎只限
于秋果。虽然说是秋果，露地的

杯形树（9 月中旬）

玛斯义·陶芬果实的采摘却是从 7 月末开始的，一直持续到 11 月上旬左右。

新鲜度决定着销售的成败。因此，为了在当天把新鲜的无花果摆到店里，采摘
就需要从深夜一直持续到天亮。为了摄影方便，选取白天采摘的情景进行拍摄。在
大阪近郊的产地（柏原市、羽曳野市等），人们实际上是在夜里戴着头灯采摘的。
每晚都要采摘，一直持续 3 个月左右。

销售有各种各样的方式。主产地的生产者，一般是在 8 月 ~11 月上旬将无花

一字形的树（9 月中旬）

一字形树的主干（15 年生）

❶ 判断一下柔软度再采摘。

❷ 把采摘的果实放入货物箱内。

❸ 测定糖度，把握品质。

❹ 装箱作业。

❺ 一箱装 12 个大果（玛斯义·陶芬）。

❻ 在农产品直营店、商店等销售。

果销售到当地的农协单位，因此必须接受严格的品质检测。

　　另外，在农产品直营店销售的，本来就需要包装好；在大型超市等销售的，大多数生产者也是自己事先就装好箱。为了搞好品质管理，必须用糖度计检测无花果的糖度。

　　对于生产者来说，想有喜悦的收获，就要付出艰辛的劳动。如果您看到摆在店里的无花果，能想到他们辛苦劳作的情景，他们也就非常欣慰了。

作为果树的独特生物学特性

●● 桑科无花果属的果树

无花果从分类学上属于桑科无花果属。无花果属具有其他属所没有的很有意思的特征。

观察树的样子时，就会产生对植物喜好的愉悦心情。对培育方法的了解就是从观察基本的枝、叶、果实、根等开始的。为了栽培成功，要采取各种手段对无花果各个部位更加深入地进行观察。

印度橡胶、贝加明延令草、薜荔这些观叶植物同样属于无花果属。认真观察这些植物会意外地发现它们有共同的特点，这是很有意思的事。

开始伸展的新梢（尖端发尖是无花果属的特征）　典型的成叶

●● 在新梢上结出果实

作为落叶果树的无花果，在冬季落叶进入休眠期，一到春季，冬枝的顶端和每一节上的芽就长出，陆续地长出叶就变成了新梢。

从新梢的顶端长出的叶集结在一起，就像笔尖一样尖。这就是无花果属植物的共同特点。

叶的大小和形状因季节差异和品种不同而有所差异，成叶一般是由 5 个凹陷形状的裂组成的。

由于品种不同，叶形也不一样

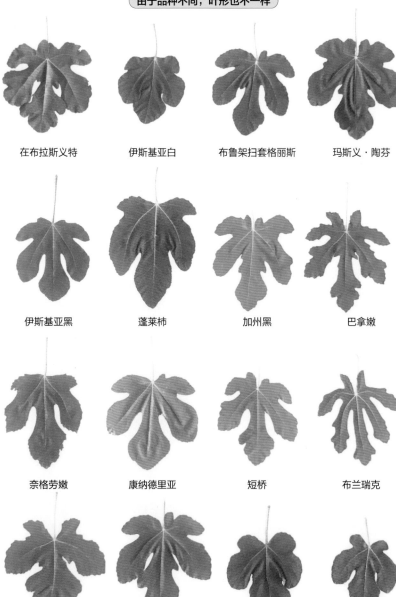

在布拉斯义特	伊斯基亚白	布鲁架扫套格丽斯	玛斯义·陶芬
伊斯基亚黑	蓬莱柿	加州黑	巴拿嫩
奈格劳嫩	康纳德里亚	短桥	布兰瑞克
西莱斯特	奈格劳拉尔告	门田	棕土耳其

一进入 6 月，在叶的基部就可看到有小的圆形的鼓起物，这就是花芽。这一时期如果光照不足，花芽就会因鼓不起来而落掉（落果）。不过，一般的花芽都会变大长成果实。

在伸展的新梢上不断地结出果实是无花果的特征。有时不叫新梢，而是叫结果枝（结果实的枝）。

花芽旁边的小芽总是作为新梢伸展，也叫叶芽，直到第 2 年的春季叶芽都一直很小，它在休眠。

但是，当新梢生长势强时，叶芽也开始伸长，从节上分出枝来成为新梢（人们把它叫作副梢）。副梢对于无花果而言是不起结果作用的。

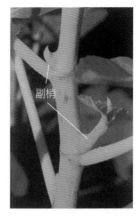
在生长旺盛的新梢节间抽生的副梢

●•悄悄地开密密麻麻的花

这里重点介绍一下花芽。无花果的最大特点是其花具有奇特的构造（图 1）。各个节位上花芽的鼓起是从新梢基部处依次开始的。

各个花芽逐渐鼓起膨大到一定程度后，就会停止膨大。实际上，这时候嫩的绿色果实中已经开花了。虽然中文名叫"无花果"，意思是开花就结果实，但它的花只是被绿色的表皮包着看不见而已。

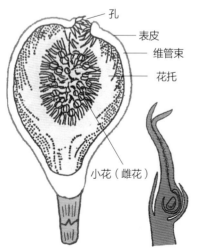

孔
表皮
维管束
花托

小花（雌花）

注：日本的《果树园艺总论》[小林章著（养贤堂）]是在《无花果》[康迪特 著（Chronica Botanica）]的基础上编写而成的。

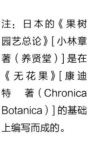

图 1　无花果幼果的断面

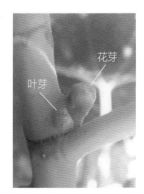
花芽
叶芽
圆形鼓起来的花芽（旁边是叶芽）

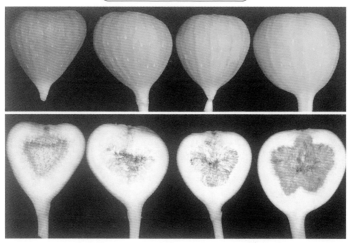

在生长第Ⅱ期，幼果的膨大虽然一度停滞，但是在内部发生着从花到果实的变化

尝试着把幼果切开会发现，有无数像胡须一样的细长凸起向内侧密密麻麻地排列着。这一个个凸起就叫作小花。因为几乎所有的花都是雌花，这样的话授粉就很难。但是在第 23 页介绍的一种名为"卡普里系"的野生种，它们拥有雄花，通过一种名为"无花果小蜂"的蜂，携带着它们的花粉从无花果幼果底部的孔钻进去进行授粉。

但在日本没有这种"无花果小蜂"，所以当地的无花果就没有授粉。尽管如此，在日本广泛栽培的蓬莱柿和玛斯义·陶芬义等被称作 Common 系的很多无花果品种，有即使不经过授粉也能够结实的特性（单性结实）。也就是说，没有蜜蜂等进行传粉也能结果。

●• 由花到果实

开花后的无花果幼果经一个多月也不膨大，始终是绿色的，要经过生长第Ⅱ期的停滞期阶段后才快速膨大成熟（参照第 58 页）。

只是从外观上看不出幼果的变化，但在其内部进行着从开花到成熟的变化过程。从小花的基部形成种子，虽然在日本的无花果没有经过授粉，所有的种子都是空或秕的，但 Common 系的无花果还是能够完全成熟的。

经历了停滞期后，内部充满的果实开始迅速地膨大，经过 7~10 天就变成既漂亮又大的成熟果了。果实在膨大的同时也逐渐软化，由于果实本身的重量在增加，有时人们能眼看着枝在下垂。

成熟过程也反映出无花果从新梢的基部依次坐果的时间。多个幼果一个一个逐渐成熟的特性，可以表示为"一熟"。在日本，无花果的名称来源有各种各样的说法，据说无花果日语的发音"一期级酷"就是这样来的。

从基部逐渐向上依次成熟，并不是一起成熟

●•果实的数量和叶的关系

在无花果栽培中，有 1 个果实对应着 1 片叶的说法，即 1 个果实的生长，在它着果的节上只生长着 1 片叶供给其营养。但是，作者认为这种说法多少有点儿过于极端。

如果 1 片叶就能供给 1 个果实养分，那么把多余的叶摘掉，剩下的叶对应的果实也应该完全能成熟。

但是，实际上把大量的叶摘除后，剩下的叶对应的果实生长会变差，绝不是 1 片叶对应 1 个果实而与其他叶无关。

更有意思的是，幼果之间对养分的争夺几乎没有。如果留果太多，品质就会变差。一般的果树都是这样，为了避免这种情况的发生，要进行疏果作业。也许是无花果不一起成熟的缘故，至少秋果果实的数量与品质几乎没有关系，所以无花果就不需要疏果。从这个意义上说，无花果的每个果实都是独立的，这是在其他果树上所看不到的特点。

●•秋果和夏果的顺序

无花果的成熟期因品种不同而不一样。前面已经讲了，无花果一般从夏季到晚秋依次成熟，所以叫秋果。秋季再往后气温降低，此时还没有成熟的果实在冬季就会凋萎脱落。

作为夏
果成熟

落果

作为秋
果成熟

不过，有些极小的果实冬天不脱落而可以越冬，在第2年春季再生长到初夏时成熟，人们把这些果叫作夏果。在英语中把秋果叫作第二季作物，但是从成熟的次序上来说是秋果在先，也许把秋果叫当年果，把夏果叫次年果更容易理解。

果实按顺序依次成熟，有时结果也被冬季这一季节分隔开。一般的果树，果实在同一时期成熟，而无花果是依次先后成熟，有的要晚上几周，这也是无花果很有意思的生长特点。

成熟的无花果果实，我们在品尝时可以体验到独特的味道。无花果果实中含有的营养成分有多种并且非常丰富，这也是它的特点。至于无花果的吃法和加工等有关的内容，在后面还将详细地介绍。

●● 从冬枝上就可看到过去与未来

在完全落叶之后，试着从今年再一次发出的新梢上仔细地观察一下。

首先，观察枝的各节时，可看到夹着节有两个圆形的痕迹，靠近枝尖侧的是果实的痕迹，靠近基部一侧的是叶的痕迹。挨着果实的痕迹处，还有正在等待春季的叶芽。

把目光转向枝尖的方向，节连续不断地排着，这正是新梢的生长逐渐停止的证据。再看枝的尖端，有时在它附近有凸出的膨大物，这是叶芽，比枝中间的芽要大，

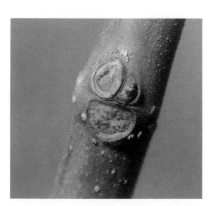

落叶之后新梢的中间部位，离枝尖近的一侧为果实的痕迹，离基部近的一侧是叶的痕迹

但在当年的伸展停止了（休止状态），在第2年春季会很早发芽。

另外，在枝尖端残留着即将膨大的圆形花芽，叫作幼果的凸起物，有1元硬币大小的，也有火柴棒头大小的。其中大的早晚要脱落，小的越冬后到第2年春季膨大就长成前面所述的夏果。

在生产上大多注重的是秋果，所以一般的无花果修剪是把枝剪短，把枝尖端带着的果实全部剪掉。要想生产夏果的话，修剪时就需要把枝尖端留下。

落叶后的新梢尖端部

●● 平常看不到的地下部

土壤的状态和无花果的品种不同，根扎得深浅也不一样。总起来讲，无花果的根在较浅层扩展。

健康的根有点儿泛黄并复杂地进行分叉，在根的尖端密集地长着很多细根。但是，土壤如果过湿，根的颜色变浓，受真菌、细菌侵染的部分会变黑并劣化。

因为新根不断地生出来，多少有点儿劣化也没有大问题，但是像后面讲到的在重茬地栽培和患枯萎病时，有的植株地上部会变得衰弱，整株树枯死的也有。或者由于线虫为害，有的树根上多处生出小瘤子，都会影响植株的正常生长。

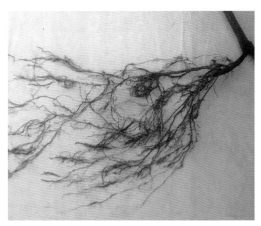

无花果的根有在浅层扩展的特点

根在土壤中往往会受到多种有害菌的侵染，而土壤又是植物养分的源泉，它便成为无花果和各种微生物进行激烈对抗的主战场，故做好土壤管理对无花果的生长至关重要。

无花果的品系和种类

●● 根据授粉的需要进行分类

就像第 19 页介绍的那样，无花果的幼果内部几乎都是雌花的集合体。从进化方面讲，原始种的无花果中雌花和雄花都有，随着雌花稍微变形形成虫瘿花，形成为搬运花粉来的"无花果小蜂"的幼虫提供住处和食料的结构，这是无花果本来的幼果。

但是这种结构随着无花果品种的改良而变化，不久就形成了卡普里系（原生系）、斯密尔那系、圣佩德罗系、Common 系（普通种）4 个品系（表 1）的分类系统。其中，卡普里系是与原始种最近的品系。在卡普里系的幼果中拥有花粉完整的雄花和虫瘿花，"无花果小蜂"寄生于内，不适合人食用。

表 1 无花果的品系和结实特性

品系	花粉	结实	
		夏果	秋果
卡普里	有	△	△
斯密尔那	无	△	△
圣佩德罗	无	○	△
Common（普通）	无	○	○

注：1. △表示需要授粉，○表示单性结实。
  2. 在日本栽培的无花果几乎都是 Common 系。

另一方面，卡普里系以外的无花果幼果中雄花退化，花粉几乎没有了，即使"无花果小蜂"侵入也不能形成虫瘿，小蜂也不能在其中产卵。

当要吃无花果时，有小蜂从果实内钻出来也不要感到惊讶，只吃纯粹的果肉就能品尝到无花果的味道。这种对人类来讲合适的形态，是进化还是退化？

那么，能够食用的斯密尔那系与圣佩德罗系、Common 系的不同点在哪儿呢？实际上果实的成熟是否需要授粉就是其分水岭。

首先，斯密尔那系的无花果是必须要授粉的品系，如果得不到"无花果小蜂"搬运来的卡普里系花粉，就不能完全成熟。

圣佩德罗系的无花果，由于果实的成熟期不同而不一样，从夏季到秋季结的秋果必须要授粉，但是越冬后到第2年初夏结的夏果，即使不授粉也能成熟。

对此，不管哪个季节也不需要授粉就能成熟的是 Common 系，是离原始种最远的品系，可以说是改良最大的先进品系。

●● 根据采摘时期进行分类

在没有"无花果小蜂"生存的日本，必须要授粉的斯密尔那系的无花果不能自然成熟。另外，圣佩德罗系也是只有不需要授粉的夏果才能完全成熟，所以在日本把圣佩德罗系叫作夏果专用种。

与之相对应的，Common 系是在夏季和秋季不经过授粉也能成熟的品系，所以叫夏秋兼用种。更有意思的是，即使同属于 Common 系，由于授粉而出现具有其他品种

进口的无花果干果（原产于土耳其）

习性的夏果会难以坐住，所以就把这样的 Common 系的品种叫作秋果专用种。

但是，夏秋兼用种和秋果专用种的差异并不是很明确，有时汉字也易混淆，在贩卖苗木的表单上，时常有混在一起的情况。实际上日本栽培的无花果只限于秋果。在本书中虽然有避免混乱的意思，但没有把夏秋兼用种和秋果专用种区别开，只是把 Common 系等同于普通种来说明（表2）。

●● 根据用途等进行分类

1. 用途

无花果，在用途上虽然没有明确的区别，但是是利用生果，还是利用干果，在这方面还是有所不同的。有很多国家主要将其作为干果来利用，多使用斯密尔那系的无花果。

因为斯密尔那系的无花果必须要授粉，在成熟的果实中才会含有受精的种子，就如鸡蛋中的那些受精卵。种子里含有的油分具有特有的香味，成为决定干果品质

表 2 主要的日本品种及其特征

类型	品种名	树体大小	采摘期	果实大小	单果重/克	果皮颜色	甜味	酸味	肉质	坐果
普通种	玛斯义·陶芬	中	8月上旬~11月中旬	大	70~120	紫褐	一般		一般	多
普通种	蓬莱柿	大	9月上旬~11月中旬	中	60~80	淡红紫	一般	○	粗	多
普通种	巴拿嫩	稍大	8月下旬~11月中旬	中	60~80	暗红紫	一般	○	粗	多
普通种	丰密姬	中	8月下旬~11月上旬	中	60~80	红褐	多		细密	多
普通种	康纳德里亚	稍大	8月下旬~10月下旬	中	50~70	绿黄	一般		一般	中
普通种	布兰瑞克	中	8月下旬~11月中旬	中	50~70	黄褐	一般		细密	多
普通种	棕土耳其	小	8月下旬~11月上旬	中	50~60	黄褐	一般		细密	多
普通种	布鲁架汪蓉格丽斯	稍大	8月下旬~11月中旬	小	40~50	暗红紫	一般	○	粗	多
普通种	加州黑	稍大	8月下旬~11月上旬	小	35~45	紫黑	多		一般	中
普通种	奈格劳拉尔告	中	8月中旬~11月上旬	小	35~45	紫黑	多		细密	多
普通种	短桥	中	8月中旬~10月中旬	小	35~45	橙褐	多		细密	多
普通种	门田	稍大	8月中旬~11月上旬	小	30~45	黄绿	一般		细密	多
普通种	任布拉斯义特	中	8月下旬~10月中旬	小	30~45	黄绿	一般		一般	多
普通种	伊斯基亚黑	中	8月下旬~11月上旬	小	20~30	紫黑	多	○	一般	多
普通种	奈格劳嫩	中	8月中旬~11月上旬	小	20~30	紫黑	一般		一般	多
普通种	伊斯基亚白	中	8月中旬~10月下旬	小	15~25	绿黄	多		一般	多
普通种	西莱斯特	中	8月上旬~10月下旬	小	15~20	淡红紫	一般	○	一般	多
夏果专用种	比傲莱 陶芬	稍大	6月下旬~7月上旬	极大	100~150	暗红紫	多	○	粗	少
夏果专用种	果王	稍大	6月下旬~7月中旬	中	50~60	绿黄	多	○	粗	中

注：在每一类型中按照果实大小的顺序记载，品种名为音译名；"酸味"一栏中的"○"代表有酸味。

好坏的关键。从这个意义上说，斯密尔那系的无花果是最适合制作干果的品种。

普通种的无花果也有种子，但是在日本栽培的无花果没有经过授粉就结实的种子，即使说它是卵，那也是无精卵，遗憾的是其香味也差一点儿。未授粉的种子内部是空的，能很容易地嚼碎，口感好，所以普通种的无花果适合生吃。

2. 果实大小、甜味等

在日本，无花果几乎都是生吃

无花果果实大小、甜味等在国内外都已有基准。在日本，正式作出规定的就是《农林水产植物种类别审查基准 无花果种》。

涉及 82 项详细的基准，如果实的大小分为极小（15 克以下）、小（16~40 克）、中（41~75 克）、大（76~110 克）、极大（111 克以上）；甜味分为低（糖度在 15% 以下）、中（15.1%~18%）、高（18.1% 以上）这几个等级。但是，除去指标品种外，多数的品种分别属于哪个等级没有表示⊖。

由于栽培条件和成熟季节的不同，果实的大小变化也比较大，对大小的分级，专家们的意见也不统一。

●●• 品种名的混乱

全世界的无花果品种达 500 种以上，但是品种名比较含糊，就像玛斯义·陶芬的原名叫圣皮埃罗一样，由于国家和地区的不同，同一个品种也会使用不同的称呼。把布兰瑞克叫成在诺亚白等另外品种名的情况也有，有时会出现明显的错误。

近年来，一些新的无花果品种通过各种渠道引入日本，有叫错的，也有名称不一样的，处于比较混乱的状态。世界各国原来的品种名就比较混乱，不一定全是苗木销售店的责任。

⊖ 在我国，无花果的外观分级可以参照 Q/QSWDFB—2014《无花果等级分级标准》。——译者注

第二章

无花果的
优质培育方法

成熟期的无花果（玛斯义·陶芬）

主要的普通种和夏果专用种

关于主要的无花果品种，本书会按照普通种和夏果专用种的顺序来介绍其特征。在此对著名的美国无花果学者康迪特整理的无花果品种进行介绍。

●● 主要的普通种

玛斯义·陶芬

成熟期：8 月上旬 ~11 月中旬　　果实大小：大　　肉质：一般

甜味：一般　　　　　　　　　　　树体大小：中

在日本栽培最多的品种，有时以"陶芬"的名称进行销售。早熟、大果、产量高，耐寒性弱是其缺点。

巴拿嫩

成熟期：8 月下旬 ~11 月中旬　　果实大小：中　　肉质：粗

甜味：一般，有酸味　　　　　　　树体大小：稍大

这是近年来在日本流通较多的品种，果皮呈素淡的颜色，但是果肉呈红色，果实中等大小并且坐果多。生吃时果肉有黏黏糊糊的口感，其酸味近似于蓬莱柿。

布兰瑞克

成熟期：8 月下旬 ~11 月中旬　　果实大小：中　　肉质：细密

甜味：一般　　　　　　　　　　　树体大小：中

从过去到现在一直作为庭院栽培的品种。耐寒性强，即使在日本东北地区也可栽培。有很多地方被误叫成在诺亚白这一另外的品种名。叶边缘有很深的缺刻凹陷，果实纵长。果肉细密，多汁，种子不显著，但是果顶处早熟、下部晚熟。同一个果内的味道不均匀是其缺点。

棕土耳其

成熟期：8 月下旬 ~11 月上旬　　果实大小：中　　肉质：细密

甜味：一般　　　　　　　　　　　树体大小：小

树势弱，不怎么占地方，适于庭院栽培。

巴拿嫩

布兰瑞克

布鲁架扫套格丽斯

成熟期：8 月下旬 ~11 月上旬　　　果实大小：中　　　肉质：粗

甜味：一般，有酸味　　　　　　　　树体大小：稍大

果皮呈素淡的颜色，但果肉呈鲜艳的红色，很适合作为加工品的配色。

加州黑

成熟期：8 月下旬 ~11 月上旬　　　果实大小：小　　　肉质：一般

甜味：一般　　　　　　　　　　　　树体大小：稍大

正如其名字一样，果皮的颜色很浓。果肉糖度很高，但果汁稍少并且为黏质。

短桥

成熟期：8 月中旬 ~10 月下旬　　　果实大小：小　　　肉质：细密

甜味：强　　　　　　　　　　　　　树体大小：中

果实小，但是肉质细密，甜味也强。在日本，其苗木的流通很多，不过关于品种名和来历现在还没有完整的记录。

门田

成熟期：8 月中旬 ~11 月上旬　　　果实大小：小　　　肉质：细密

甜味：一般　　　　　　　　　　　　树体大小：稍大

虽然果小，但坐果很多。果肉细密多汁并且味道好。在很多国家作为干果用。

加州黑

短桥

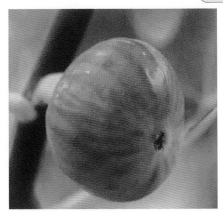

伊斯基亚白

成熟期：8 月中旬 ~10 月下旬

果实大小：小

肉质：一般

甜味：强

树体大小：中

黄绿色的小型品种，但是坐果很多。种子稍明显，果肉多汁并且味道好。

丰蜜姬的完熟果

丰蜜姬

成熟期：8 月下旬 ~11 月上旬　　果实大小：中　　肉质：细密

甜味：强　　　　　　　　　　　　树体大小：中

作为日本培育的少数品种，具有浓厚的甜味，细密的肉质是其特征。苗木的流通只限于日本福冈县的生产者，目前此品种还不适合庭院栽培。在果品店中可以买到该品种的无花果。

蓬莱柿

成熟期：9 月上旬 ~11 月中旬　　果实大小：中　　肉质：粗

甜味：一般，有酸味　　　　　　　树体大小：大

作为日本自古以来的栽培品种，曾以"日本在来"的名字销售过。一般日语发音为"好屋拉衣细"，但是康迪特称其为"好屋拉衣咖尅"。树体很大，露地栽培占场所大是其缺点。在日本广岛以西的地区栽培的很多，耐寒性强。

蓬莱柿的果肉（横断面）

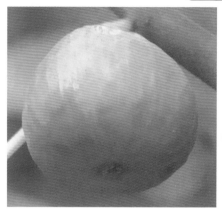

康纳德里亚

成熟期：8 月下旬 ~10 月下旬　　　果实大小：中　　　肉质：一般

甜味：一般　　　　　　　　　　　　树体大小：稍大

黄绿色, 极细的果皮是其特征, 坐果也多。树势强, 露地栽培很占地方是其缺点。

奈格劳拉尔告

成熟期：8 月中旬 ~11 月上旬　　　果实大小：小　　　肉质：细密

甜味：强　　　　　　　　　　　　　树体大小：中

果实稍小并且稍微纵长。肉质细密, 甜味强。

在布拉斯义特

成熟期：8 月下旬 ~10 月下旬　　　果实大小：小　　　肉质：一般

甜味：一般　　　　　　　　　　　　树体大小：中

虽然是很老的品种, 但是在日本近年才有上市。果皮上有独特的条纹模样是其特征, 特别是在未成熟时观赏价值很高。

伊斯基亚黑

成熟期：8 月下旬 ~11 月上旬　　　果实大小：小　　　肉质：一般

甜味：强　　　　　　　　　　　　　树体大小：中

果皮颜色是如其名字所述的深色, 小果品种。充分成熟的果实, 像砂糖一样甜。

奈格劳拉尔告

在布拉斯义特

伊斯基亚黑

奈格劳嫩

成熟期：8 月下旬 ~11 月上旬　　果实大小：小　　肉质：一般

甜味：一般，有酸味　　树体大小：中

果实与伊斯基亚黑相似，但略微有点儿酸味是其不同点。因为抵抗无花果枯萎病这种土壤病害的能力较强，所以可作为玛斯义·陶芬的砧木。

西莱斯特

成熟期：8 月上旬 ~10 月下旬　　果实大小：小　　肉质：一般

甜味：强，有酸味　　树体大小：中

能一口含进去的小果品种。充分成熟的果实，具有浓厚的甜味。对小果进行加工利用也很有意思。

●●夏果专用种

果王

成熟期：6月下旬~7月中旬

果实大小：中

肉质：粗

甜味：强，有酸味

树体大小：稍大

果实即使成熟了也是黄绿色的，但果肉是红色的。中等大小，不仅能在去年枝的顶端坐果，而且在枝基部的数节上也能坐果，所以与其他夏果专用品种相比，坐果数多。

比傲莱·陶芬

成熟期：6月下旬~7月上旬

果实大小：极大

肉质：粗

甜味：强，有酸味

树体大小：中

果王

果王的果肉和果实

比傲莱·陶芬

比傲莱·陶芬的果实和果肉

熟果是紫褐色的，但是果梗附近有点儿呈绿色。果大味很甜，品质很好。坐果数在夏果专用种中算多的，多数密集得挤在节的顶端。

适于庭院栽培的品种选择

●•如果拿不准就直接选玛斯义·陶芬

可能是近年来对无花果感兴趣的人越来越多，在园艺店摆放着的无花果苗木种类增加了，在网店上果实的颜色和形状变化多样的无花果苗木也有销售。

有些商家为了引起人们的注意，用"极甜""巨大"这一类的词语来博取人们的兴趣，对于初学者来说还是推荐选玛斯义·陶芬比较好。很多商家只用陶芬这一名字来销售这个品种，果实比其他品种的大，坐果数也多，因而成为日本的主要栽培品种。

在本章介绍的栽培方法也是以玛斯义·陶芬这个品种作为基础来进行的。如果你拿不准选哪个品种，就选这个品种，一定不会错的。

但玛斯义·陶芬也有其缺点，其中一个就是耐寒性弱。在前面介绍的以布兰瑞克和蓬莱柿为首的，品种几乎都比玛斯义·陶芬的耐寒性强。对于寒冷性强的地区，在选择品种时最好选玛斯义·陶芬以外的品种。

玛斯义·陶芬的成熟果实。在进行品种选择时要考虑耐寒性等问题

●•选择品种时需注意的问题

如果只是家庭栽培的话，也许有的人不只选择玛斯义·陶芬，也会试着选择一些有特点的品种进行栽培。无花果的品种有很多，其果实的形状、大小、颜色等也会不同，有虽然果小但甜味强的品种，也有酸味适中的品种。请参考前面介绍的品种特征，根据个人的喜好来选择。

在选择品种的时候，需要注意的耐寒性方面在前面已经讲述了，另外就是树体大小也很重要。例如，树体很大的蓬莱柿露地栽植时需要 35 米 [2] 左右的面积。如果在受局限的场所栽培，应选择更紧凑型的品种。

蓬莱柿，有独特的风味和酸味

奈格劳嫩，略微有酸味

虽然前面介绍的品种中也列举了夏果专用种，但是论合适还是选普通种。因为夏果在枝尖附近坐果，所以产量低，且成熟期正好和梅雨季节重合，果实被雨淋后易出现腐烂等问题。

庭院栽培，除了选择公认的能稳定坐果的果王外，其他的夏果专用种不推荐选用。如果只结少量果，想在初夏季节就能吃到无花果的话，我想选择玛斯义·陶芬等普通种还是比较明智的。

因为蓬莱柿树势强，易长成大树，所以需要选择宽敞的场所（日本福冈县行桥市）

夏果专用种只在枝尖附近结实，产量低

一年中的生长发育时期和作业历

表 3 无花果树的生育过程和年间作业

	月份	1	2	3	4	5	6	7	8	9	10	11	12
树体	根			根伸长						根伸长			
	枝叶				发芽	新梢伸展						落叶	
	果实					着（花）果			秋果膨大、成熟期				
生育过程		休眠期		发根·发芽期		新梢伸长期			果实膨大、成熟期			落叶、休眠期	
作业	土壤	基肥					浇水			底肥		改良土壤	
					除草	除草	除草			除草			
	枝叶	修剪	防霜冻		抹芽、引缚					副梢切除			
	果实								秋果采摘				

注：1. 以普通系品种作为基本，不包含在梅雨期结果的夏果。
2. 发生病害时应及时防治。
3. 以日本关西平原地区为基准（气候类似我国长江流域）。

以秋果生产作为前提，在表 3 中列举了无花果在一年中的生长发育时期和与此相对应的管理作业，建议大家先把无花果培育的大体流程装在脑中。

另外，夏果专用种的栽培和修剪方法与普通种的有所不同，栽培实例也很少，所以在第 2 章中就没有说明。

●●休眠期的管理作业

一进入 11 月，叶片就渐渐地带有黄色，到了中下旬就开始落叶，树体一直到第 2 年 3

萌芽（4 月中旬）

月中旬左右都处于休眠状态。

在 11~12 月，为了提高土壤的通气性、保水性，应向土壤中施入堆肥和有机肥以进行土壤改良。

无花果的根，从 2 月左右就开始活动。为了提高肥效，可结合根的活动，分次少量施入肥料，底肥在 1 月左右就要施进去。

在 2~3 月进行修剪比较合适，不过温暖地区在 12 月前后开始修剪也可以。晚霜害多的地区在 3 月初时仍要在枝上缠绕一些稻草以防霜冻。

展叶（4月下旬）

●●生育期的管理作业

休眠期过后，无花果树就开始进入发根、发芽期和新梢伸长期，再进一步到达果实膨大、成熟期。

在 4 月中旬新梢就开始发芽。如果放置不管就会出现瘦弱的枝密集生长的情况，因此抹芽工作是不可缺少的。5 月以后，要进行枝的管理，如长势好的新梢继续伸展，要根据需要进行引缚；不要的新梢要进行摘除，以及副梢的切除等（参照第 50 页）。

杂草也会很旺盛地生长。如果地面没有铺设防草覆盖物，从春季到秋季就需要除草 4 次左右。在夏季要注意预防干旱，不能让叶片发生萎蔫，要及时浇水。

果实进入成熟期，像玛斯义·陶芬这样的早熟品种从 8 月开始就可以采摘，其他秋果品种从 9 月左右开始，一直采摘到 11 月上旬前后。

在 10 月下旬给树施入少量的化学肥料以补充树体需要的营养。这期间有时需要防治病虫害，要针对各种病虫害的防治适期进行适时防治。

秋果进入膨大期（8月）

栽植场所的选择和准备

●•栽植场所的选择

在无花果栽培的专业书中一般都会明确写"无花果是过干过湿时生长就会变弱的果树"。

无花果的叶片大，水分蒸发量也大，与此同时，根的需氧量也多，因此对于土壤中水分的要求有相当严苛的特性。

当没有浇水设备等条件时就要牺牲

萌芽（4月中旬）

排水方法，干脆选择在排水不好的场所栽植，但是最理想的场所应该是在需水的时候能及时浇水并且排水良好。

在庭院当中，一般都有浇水的设备，供水方面没有问题，所以应尽量选择在排水好的场所栽植。

另外，日照也很重要。无花果属的植物，如橡胶树能在弱光处生存的品种很多，树体自身即使是在阴凉处也没问题。但是日照不足的话结实会变差，品质也会变得不好。因为只培育树体没有多大意义，所以要尽可能地选择在日照好的场所栽植。

在庭院栽植时，要想使树体长大，空间是非常重要的。虽然无花果品种和土壤条件不同，树体生长所需的空间也有所差异，但是对于比较小型的玛斯义·陶芬，每棵树只需要10米²左右。大型的蓬莱柿每棵树则需要35米²的面积。

因为在庭院中想确保宽敞的场所是个难题，所以把枝剪短，使树体变小一点儿。这样考虑的人较多，但是每个品种由于遗传已决定了其树体的大小，越短截枝越更加伸展地旺盛生长，也就是俗语所说的"疯长""不稳定"的状态，这对结实来讲是很不利的。

●•栽植场所的准备

栽植一般在春季（3月）进行，在这之前的一个月就要准备好栽植的场所。

为每棵树挖直径为1米、深30~50厘米的栽植坑，施入树皮等植物性堆肥30升，混合均匀后再填回去。这时，为矫正土壤的酸碱度，可根据需要在土中加入镁

❶ 挖坑把土围成炸面圈状，施入植物性堆肥。

❷ 充分混匀后再填回去（根据需要加入镁肥或石灰）。

❸ 若是贫瘠地，应再加入有机肥料掺混均匀。

❹ 把土整理平，等待栽植。

肥或石灰；为补充土壤养分，可在堆肥中加入有机肥料并掺混均匀。

　　需要注意的是，在原先栽培蔬菜的田中栽植无花果时，肥料和钙肥就容易过剩。特别是钙肥过多时土壤就会变成碱性，肥料的有效性就难以发挥出来，苗木就会产生营养障碍。如果在去年已经施入石灰的田中栽植，就应该控制石灰的施用量。最理想的是在栽植之前就应该掌握栽植场所土壤的酸碱度。

　　在第65页介绍了即使在家庭当中也能利用的简单的土壤分析方法。如果pH和EC（电导率）值都高，就要避免施用石灰和化学肥料。为了改良土壤，可以施用树皮堆肥等几乎不含化学肥料的植物性堆肥后再栽植。

苗木的购买和栽植

●● 苗木的种类和选择方法

在肥料于施入后又整平的树坑中发酵的这段时间内，考虑买苗吧。一般是从园艺店买现成的苗，也可以自己用插条的方法培育苗木，最近也有很多人通过网上订购苗木。

市售的苗中，有用盆钵育成的盆钵苗，也有从大田的育成苗中挖出的苗。

盆钵苗，如果根钵土没破碎的话在当年就能栽植。但是要想使之更加顺利地生长，最好把根钵土弄碎并将缠绕在一起的根梳解开，这是在早春有限的时期内应做的工作。

市场上卖的盆钵苗（4月）

另一方面，从大田内挖出的苗，出售时已经将多余的根剪去，虽然栽植的时期有局限性，但是省去了梳理根的工夫。露出根的苗不马上栽的话就会萎蔫干枯，所以如果距离栽植适期还有几天的话，就要暂时进行假植（图2）。

在根上多处长了一些瘤状突起的苗，是因为有根结线虫（参照第69页）寄生。

盆钵苗（左）和刚挖出的苗（右）
图2 从田内刚挖出苗的假植

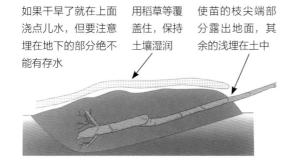

如果干旱了就在上面浇点儿水，但要注意埋在地下的部分绝不能有存水

用稻草等覆盖住，保持土壤湿润

使苗的枝尖端部分露出地面，其余的浅埋在土中

萌芽（4月中旬）

另外，在园艺店里售卖的苗也有的遭受冻害。一旦受冻害，即使过了5月中旬也不出芽，树皮出现细的皱折后就枯死了。

进行同样的管理，但是只有少数苗不发芽时，可以考虑是原来的苗就有问题，并向出售苗的商店详细地说明一下情况。如果顺利的话，也许还能退换回好的苗木。

管理完全相同，但还没有发芽的苗（左），可能是受了冻害

●• 栽植的要点

在整理好栽植坑1个月后便可栽植苗木（图3）。对于盆钵苗，要把根钵土弄碎，把缠绕在一起的根梳解开。

需要注意的是，苗不要栽得过深。尤其是排水不理想的地块，只需把根的一部分沉到地面以下的程度，用周围的土填上，再把树干的周围培上土，周边弄得高一些形成土堰，中心部分（树干的周围）不要再培土，用铁锹把土稍培实并且比周边的土堰稍低些。这样做，

不要把苗木埋得过深

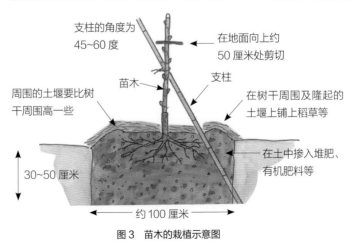

支柱的角度为45~60度

在地面向上约50厘米处剪切

苗木

支柱

周围的土堰要比树干周围高一些

在树干周围及隆起的土堰上铺上稻草等

在土中掺入堆肥、有机肥料等

30~50厘米

约100厘米

图3　苗木的栽植示意图

❶ 挖浅坑把苗栽上。

❷ 将周边的土填在苗的周围。

❸ 中心弄得稍凹一点儿，周边的土堰弄得稍高一
　点儿，然后拍实。

❹ 把根基部使劲压实并弄得低一些，使苗栽牢固。

一方面能把苗栽牢固，另一方面可以防止浇的水从周
边的土堰向外流失。

　　如果所栽苗木的主干过长，就在地面向上 50 厘
米左右处剪切。

　　为防止强风刮坏苗木，应斜着撑一根支柱，支柱
与地面的角度以 45~60 度为宜。

　　栽植完成后，接着在根基部周围浇充足的水，
短时间内形成积水像池子一样的感觉便正好。

在刚栽植完后，接着在根基部周
围浇充足的水，积水像水池一样

❺ 对于长枝，在地面向上约50厘米处剪切。

❻ 为了慎重起见，用与地面呈45~60度的支柱斜着支撑住树苗。

❼ 把中心弄成像水池一样，然后浇水。

❽ 为了防止干旱，在培起的土堰及根周围铺上稻草等。

在培起的土堰及根周围铺上稻草等，具有防止干旱和杂草发生的效果。另外，如果担心有晚霜发生，用稻草包住树干可以防寒。

稻草是非常方便的合理而且自然的覆盖材料，若是身边没有卖的，可以去稍大一点儿的园艺店和超市。另外，也可用割后干了的草覆盖。

稻草可保温、保湿等，是方便并且自然的地面覆盖材料

●● 栽植后的管理

栽植后，应及时浇水，
不要让土壤旱着。可经常用手
指插入苗周边的土中试一下，
确认一下土壤的湿度，决定
是否需要浇水。

栽植的苗木，在 4 月下
旬就可长出新梢。这个时候，
几乎不用担心晚霜的出现，
所以可以取下包着枝的稻草等。

在晚霜多的地区把枝也包一下

如果芽已萌发，就可取下包
在枝上的稻草等

如果萌发出较多的新梢，就把必要的留下，其余的应全部摘除，以后也是这样。
根据需要及时进行抹芽，及时进行浇水和除草，留下的新梢就可顺利地生长，条件
合适，就会结出秋果。抹芽、留下新梢的数量和间隔等作业请参照后面所介绍的培
育方法。

●● 关于另行栽植

根据庭院的设计，也许会需要把已经栽植的无花果树挪地方。对枝进行大量的
回剪，尽量不要伤到根，遵循和栽苗时同样的要领，进行挪栽是可行的。

但是，又大又很重的树在挪栽时需要较多的劳力，而对树进行回剪，其实和准
备新苗栽植再长成大树所需的时间差不多。

在原地栽植的苗，大多数生长都不好

如果是购买的品种，与勉强移栽相比，还
是栽植新苗比较好。如果还想继续栽植现在的
品种，就提前进行插条繁殖，造好"子孙苗"（参
照第 74 页）。

另一方面，因为树势衰弱和需要品种更新
等原因，有时需要更新现在栽着的树。但是，
无花果如果连作的话就会犯重茬病，所以最好
避开在原地方栽植。

生长发育期的管理

●●新梢伸长期的基本作业

既然是果树，不用特意管理就能结实，所以有些人想尽情地享受树本来的自然姿态，便任其伸展。仅仅除了难看这一项之外，还是可供观赏的。

尤其是夏果不修剪的树更能结实。但是秋果不同，如果放置不管理，虽然采摘的果实可能会更多，但不能采摘到既个头大又品质好的果实。因此，生产者经常牺牲夏果只进行秋果生产的栽培。本部分也是沿用了这种手法，并用照片图表示了其整形和枝的管理（抹芽、不定芽的切除、蘖的切除、副梢的切除、摘心、引缚、修剪等）。

如果没有进行过实际操作，可能会觉得非常难理解。总之，这是果树栽培管理的基本作业，要掌握好。

●●从切口处流出乳液

对枝进行管理的时候多少会碰伤树体，所以会从伤口流出白色的乳液。虽然在第3章中将进行说明，但在这里提醒，乳液中含有能分解蛋白质的酶，如果直接接触的话会引起皮肤皲裂。请注意，不要让乳液沾到皮肤上，如果沾上了，请立即用水冲洗。

不戴手套虽然能准确地操作，但是皮肤容易过敏的人，最好还是戴上防水的手套进行作业最安全。

把不要的新梢及早地摘除

抹芽：摘除混杂密集的新梢

把从枝芽以外的部分发出的不定芽摘除

把从根部发出的蘖摘除

引缚：把枝固定在合适位置的作业。防止枝下垂和果实摇摆时被叶擦伤

摘心：摘除伸展的新梢顶端（生长点）的作业。对旺盛伸展的新梢进行摘心，副梢就会多发，因此摘除副梢是必需的

摘除副梢：把伸展的新梢的腋芽（副梢）摘除的作业，是抹芽的一种，也叫摘除副梢

修剪

这是果树栽培的基本技术，单就修剪来说，是指在冬季进行剪枝。把当年伸展的枝从枝基部剪除，这叫疏枝（右图）；从基部留下一部分而把上面的剪去，这叫回剪（左图）。疏枝是把不要的枝完全剪除。不过，能彻底地把不需要的芽摘除的话，需要疏枝的情况就少了，回剪用得较多

●•杯形整枝的培育方法

　　对枝进行管理的顺序和培育骨干的方法不同，最常用的整形方法是杯形整枝。第1年留下3根，第2年使分枝变成3倍，第3年再分枝成3倍，培育出树的骨架。

　　这时为了给枝留下适当的间隔和方向使之分杈，要进行抹芽和除蘗，而且还要进行冬季的修剪。

　　以玛斯义·陶芬整枝的照片图为例，可以了解大致的整枝顺序（参照第51~53页）。留枝的数量和长度不是严格的数据标准，请暂且当作大体的参照。

❶ 新梢生长齐后留下 3~4 根，把其余的摘去。　❷ 除去以后发生的新梢和从根基部发出的蘖。

❸ 认真除草。　❹ 整理留下的新梢使其呈放射状斜向上伸展。

❺ 在第 2 年的 2~3 月，把去年枝（在④中伸展的　❻ 回剪后的去年枝成为第 2 年以后的主枝。
　新梢）在离枝基部 40~50 厘米处进行回剪 。

栽植第 2 年的枝管理（杯形整枝）

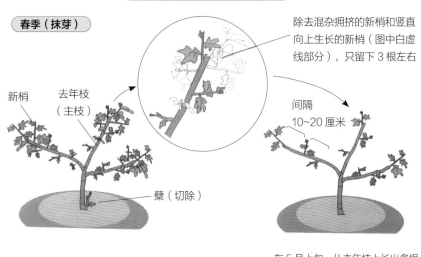

春季（抹芽）

新梢

去年枝（主枝）

蘖（切除）

除去混杂拥挤的新梢和竖直向上生长的新梢（图中白虚线部分），只留下 3 根左右

间隔 10~20 厘米

在 5 月上旬，从去年枝上长出多根新梢，应进行抹芽，每根枝上约留 3 根（全树留约 9 根）。

越是枝尖处发芽越早，如果只选伸展快的新梢，新梢就会密集生长在枝顶端部分。

因为小型树也很好，所以可间隔 10~20 厘米留新梢，尽可能选择互相错开向不同方向伸展的新梢，不要竖直向上生长的。从根基部发出的蘖要及早切除。

夏季

副梢（切除）

不定芽（切除）

蘖（切除）

蘖、晚发出来的新梢、副梢要及早地除去，只让留下的新梢伸展。

新梢下垂时就用支柱做支撑。

到秋季就能采摘到一定数量的果实。在冬季进行修剪，将去年枝分别回剪留下 30 厘米左右。

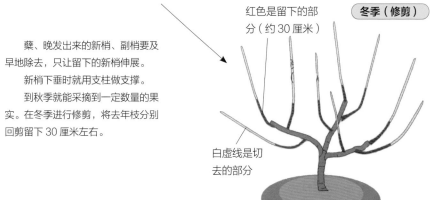

红色是留下的部分（约 30 厘米）

冬季（修剪）

白虚线是切去的部分

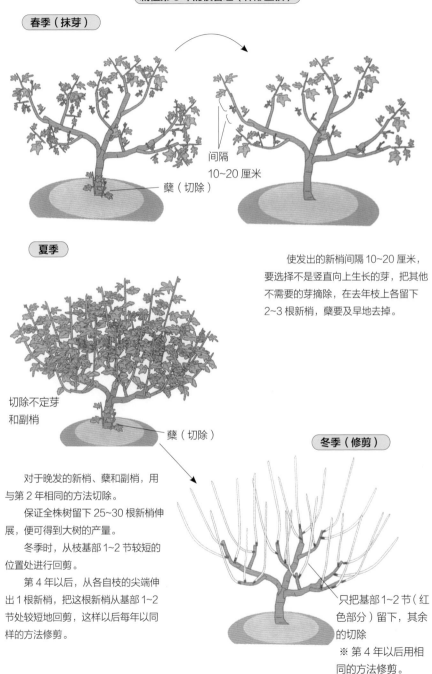

栽植第 3 年的枝管理（杯形整枝）

春季（抹芽）

蘖（切除）

间隔
10~20 厘米

夏季

切除不定芽
和副梢

蘖（切除）

使发出的新梢间隔 10~20 厘米，
要选择不是竖直向上生长的芽，把其他
不需要的芽摘除，在去年枝上各留下
2~3 根新梢，蘖要及早地去掉。

冬季（修剪）

只把基部 1~2 节（红
色部分）留下，其余
的切除

※ 第 4 年以后用相
同的方法修剪。

对于晚发的新梢、蘖和副梢，用
与第 2 年相同的方法切除。

保证全株树留下 25~30 根新梢伸
展，便可得到大树的产量。

冬季时，从枝基部 1~2 节较短的
位置处进行回剪。

第 4 年以后，从各自枝的尖端伸
出 1 根新梢，把这根新梢从基部 1~2
节处较短地回剪，这样以后每年以同
样的方法修剪。

大树型的品种，其枝需要有较多的分权。因此，即使是同样的树龄，相较于小树型品种，大树型作为骨干的新梢要进行更长的修剪，以增加到骨干枝完成的阶段（年数），使整个树体变大。

把树的骨干枝留好后，每根枝的尖端各留1根新梢，在越冬后进行短的回剪，这样每年重复进行。

这样，一棵树留有一定量的新梢（玛斯义·陶芬的话留25~30根）。树体大小也基本保持一定，虽说是短切，老枝每年一点点地向外生长弯曲，逐渐变长。有的受到冻害和天牛的为害，被害后出现的碎屑零散地往下落，所以要经常把离根基部近的新梢留得长一些，将其尖端果断地剪掉（回剪），将树的骨干进行更新。

除杯形整枝外，还有一种叫一字形整枝的培育方法也很常见。

一字形整枝是如汉字"一"一样，让2根主枝呈一条直线地伸展，从主枝上就像蜈蚣的足一样再分出权。从分权的枝上再各自伸出1根新梢，在采摘、越冬后进行短的回剪，这样每年重复进行。

●●栽植第1年的枝管理（一字形整枝）

这种培育方法最大的优点是，新梢的管理和采摘作业能采用机械化。但主枝易

生产者的培育案例（杯形整枝）

第1年

第2年

大树

❶ 和杯形整枝相同，在栽植后进行摘芽，留下 2 根新梢使其呈 V 字形伸展。

❷ 等到枝变软的第 2 年春季（4 月）之后，在离地面 40~50 厘米高处水平架起支柱，将枝压弯降低使其成为呈一条直线的主枝。

受冻害和日灼，并且像蓬莱柿这样生长势强的品种，其枝的伸展不整齐是其缺点。因为有利于作业，栽培玛斯义·陶芬的果农多数都采用一字形整枝的培育方法。

本页介绍了栽植第 1 年的枝管理，后面介绍了第 2 年和第 3 年枝管理的情况（参照第 56~57 页）。

采用一字形整枝的方法培育单棵无花果，需要 5 米左右细长的空间，是否适合庭院栽培还存在争议。这样培育无花果，与其说是栽树，还不如说是起垄栽培蔬菜的感觉更合适。

❸ 将主枝的尖端较轻地回剪。

采用作业效率高的一字形整枝的园地（日本大阪府岸和田市）

栽植第 2 年的枝管理（一字形整枝）

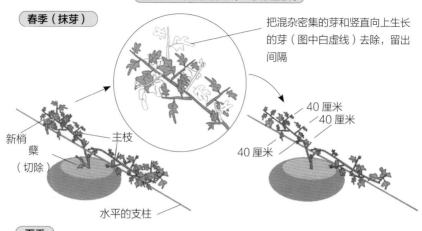

春季（抹芽）

把混杂密集的芽和竖直向上生长的芽（图中白虚线）去除，留出间隔

新梢
蘖（切除）
主枝
水平的支柱

40 厘米
40 厘米
40 厘米

夏季

平行拉直的铁丝
摘心
副梢（切除）
蘖（切除）
不定芽（切除）
主枝延长用的新梢

从主枝上发出很多新梢时，以 20 厘米（每侧 40 厘米）的间隔留芽，把其余的全部摘除。这时，尽量地选择在主枝的两侧交错伸展的芽。蘖要及早地切除。

在除去蘖、晚发的新梢的同时，把留下的新梢引缚到距地面 1.2~1.5 米并与地面平行拉直的铁丝上使之伸展。

新梢伸展过长时，把其尖端摘除（摘心），但摘心后副梢容易长出，所以要及时摘除副梢。第 2 年可采摘到成树一半左右的产量。

冬季修剪时留下 20 厘米左右进行回剪，但主枝尖端的 2 根应按第 1 年的要领使之伸展，作为主枝延长枝。一般地在这个阶段，主枝会超出预定目标的长度（玛斯义·陶芬每侧长 2.5 米），所以要把主枝延长枝超出的部分切除。

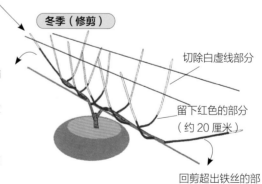

冬季（修剪）

切除白虚线部分

留下红色的部分（约 20 厘米）

回剪超出铁丝的部分使之水平生长

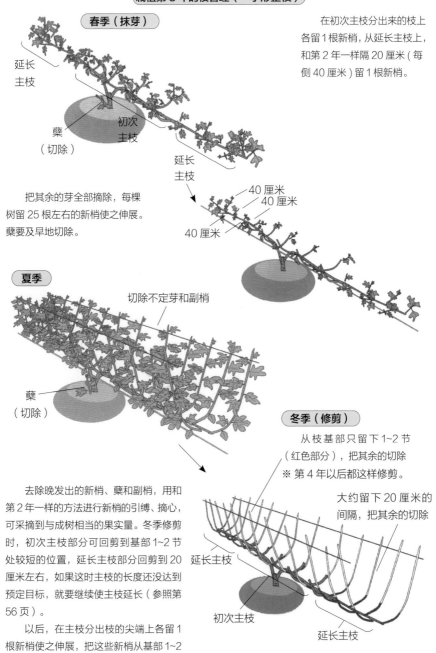

栽植第 3 年的枝管理（一字形整枝）

春季（抹芽）

延长主枝

蘖（切除）

初次主枝

在初次主枝分出来的枝上各留 1 根新梢，从延长主枝上，和第 2 年一样隔 20 厘米（每侧 40 厘米）留 1 根新梢。

延长主枝

40 厘米
40 厘米
40 厘米

把其余的芽全部摘除，每棵树留 25 根左右的新梢使之伸展。蘖要及早地切除。

夏季

切除不定芽和副梢

蘖（切除）

冬季（修剪）

从枝基部只留下 1~2 节（红色部分），把其余的切除
※ 第 4 年以后都这样修剪。

大约留下 20 厘米的间隔，把其余的切除

延长主枝

初次主枝

延长主枝

去除晚发出的新梢、蘖和副梢，用和第 2 年一样的方法进行新梢的引缚、摘心，可采摘到与成树相当的果实量。冬季修剪时，初次主枝部分可回剪到基部 1~2 节处较短的位置，延长主枝部分回剪到 20 厘米左右，如果这时主枝的长度还没达到预定目标，就要继续使主枝延长（参照第 56 页）。

以后，在主枝分出枝的尖端上各留 1 根新梢使之伸展，把这些新梢从基部 1~2 节处较短地回剪，以后每年重复进行。

坐果期的管理和采摘要点

●● 果实的膨大、成熟

无花果基本上不需要疏果（摘果）。如果新梢生长势强，在1个地方（1节）有时能结2个果实，不用疏果使之成熟就没问题。另外，有些人觉得在幼树时最好进行疏果，实际上没有必要。

秋果，如同图4的生长曲线表示的那样，要经过快速膨大的第Ⅲ期后才成熟。

另外，风势强的地方，容易发生落果、伤果，为了减轻这些损失，有的生产者就设置10毫米方格孔的防风网。

防风网既能防止栗耳短脚鹎、灰椋鸟、狸等鸟兽害，又能防止桑天牛等虫害。如果只是防鸟的话，选用30毫米方格孔的防鸟网就足够了。

双果的，不用疏果任其成熟

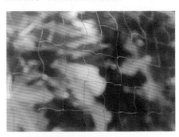

30毫米方格孔的防鸟网

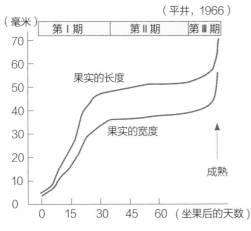

（平井，1966）

图4 无花果（玛斯义·陶芬）秋果的生长曲线

无花果的果实坐果后迅速膨大，经过第Ⅰ期后，在第Ⅱ期膨大一度停滞。在这之后，内含物充满后又快速膨大，经过第Ⅲ期后成熟。

受鸟为害的果实

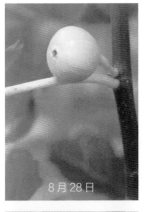

8月28日

8月29日

8月30日

9月1日（适熟）

9月3日

后期（生长第Ⅲ期）的果实经
7~10天快速地膨大、成熟

●●•为了促进成熟的处理

也许都听说过用油处理无花果的事吧。在
幼嫩果实（幼果）的顶端轻轻地涂一下植物油，
果实在1周左右的时间里眼看着膨大成熟。就
好像变魔术一样，这是在公元前3世纪古希腊
时代就用的技术了。

用油处理太幼嫩的果没有效果，生长第Ⅱ
期的后期（果皮的绿色稍微变黄时）是处理的
适期。

用乙烯利处理可以促进成熟

这时期的幼果，已经到了成熟的生理状态，用油处理后就像打开了开关一样使成熟马上开始，结果是比自然成熟的要早 10~14 天达到完熟。现在不用油，而是用具有同样效果的催熟剂（乙烯利），这是果农经常使用的方法。

不过，用油、乙烯利处理只是提早成熟，没有使果实增大和提高品质的效果。决定何时处理是比较难的，在庭院栽培中最好不要使用。

如果已经有预定的客户，无论如何也要提早采摘等。有特殊情况时也可试着挑战一下。

●• 采摘适期和采摘要点

在接近成熟的时候，果实快速地膨大、下垂并上色，但是色泽并不一定是采摘的标准。黄绿色的品种难以判断，这种情况不用多说，而色泽浓的品种在还未成熟时就已经上了色，所以被色泽迷惑容易摘下未成熟的果实。

准确的判断方法是，用手轻轻握住果实时传到手掌的感觉，一般果实的表面能达到耳垂那样的柔软度时就算是采摘的适期，但成熟度也因个人的喜好而有差异。

由于品种和利用方法的不同，无花果的采摘适期也不同，首选的还是根据柔软度来判断采摘适期。采摘果实时用手指捏住果实和枝的连接处，沿着易折的方向用手指摁下去进行采摘即可。

用手轻轻握住时以其柔软程度来判断采摘适期

如果遇到树高的情况，就用梯子等工具，注意既不能伤着人也不能弄伤果实。

采摘的果实，应小心地摆在垫上发泡苯乙烯等坐垫材质的篮子、果箱里。

考虑经济效益时，采摘的时间段便如同在第一章中介绍的，果实的新鲜度是胜负的关键，所以在深夜、凌晨采摘，庭院栽培的话在气温上升之前的凌晨到上午尽早的时候进行采摘为好。

用手指捏住果实和枝的连接处采摘果实

为了防止由于乳汁引起的皮肤炎症，要戴上胶皮手套采摘

待售卖的，应把采摘的果实放入载在台车上的装货箱中（日本大阪府羽曳野市）

采摘的玛斯义·陶芬

需要注意的在前面也提过，就是在采摘时从采摘部位会流出乳汁，皮肤敏感的人在采摘时要戴上薄的胶皮手套或塑料手套。

●●采摘果的味道和保存期

采摘果根据成熟的程度、采摘时间和时期、放置场所等的不同，其保存期也不同。

在凌晨采摘，并且放在通风好、凉爽场所的情况下，保存期大致为适熟果 1 天，略微未熟果 2~3 天，未熟果 4~5 天，未熟果放置一下果肉就会变软，但是口感不会变好。

如果放入冷库或冰箱的话，即使是适熟果和完熟果也能保持 5 天左右的新鲜度和风味。

无花果和别的水果相比不易贮存，所以一部分主产区为了通过远距离运输达到大范围的流通，而准备了预冷、低温贮藏等设备。

采摘果要轻拿轻放，不要损伤果皮

适时适量地进行水分管理

●● 适当地进行水分管理

无花果因为叶片大而需水量多，所以不能缺水，这一点是很重要的。因此，土壤深处也要疏松，使之具有很好的排水性和保水性是最理想的。

但是，在现实当中这样理想的状态很难达到。在板结的土壤中，根向更浅处扩展，稍微干旱时就容易受害。相反的黏质土壤、经常湿度大的土壤，就会产生涝害、沤根，所以浇水时就要适当控制。

不管怎样，要经常观测栽培土壤的状态和叶片的生长状态，做到灵活应对，适时适量浇水是非常重要的。

●● 浇水的大体标准和方法

浇水的标准由于土壤不同也有差异。例如，排水好的土壤和扎根浅的土壤，在连续晴天时，在春季和秋季时大约每10天浇1次水，夏季的话每3天左右浇1次水。每次的浇水量要充足，相当于10毫米的降雨量。

浇水的工具没有特定的，但是如果用水桶和喷壶的话就太麻烦了，在塑料软管的出口处接上喷头就可喷洒自来水。一出梅雨季节，从多湿的环境一下子转到强日照条件，所以有时会出现一时的叶片萎蔫、果实也凋萎的情况。梅雨季节后，果树一直到适应干旱的这段时间，应该频繁地多次少量地浇水。

另一方面也是很不希望出现的事情，就是在湿的黏质土壤栽培，会担心涝害的出现。除了在刚栽植之后进行浇水外就不要再浇水了，只是在出了梅雨季节后和在盛夏期等，当发现叶片有轻微萎蔫时，就及时浇充足的水，这样应对就足够了。这是在露地栽培的大体标准。

水不要喷到叶片上，树冠下外周部附近的地面上要浇充足

土壤管理和施肥的要点

●·施肥时应注意的要点

栽培玛斯义·陶芬的果农，1棵树在1年当中所需要的氮、磷、钾三种大量元素分别按照表4中的树龄进行施肥。

表4 无花果不同树龄的施肥标准

树龄	氮/克	五氧化二磷/克	氧化钾/克
1年	40	20	20
2年	60	30	40
3年	80	60	80
4年	120	100	120
5年	140	120	160
6年以上	160	140	180

注：1. 表中为玛斯义·陶芬平均1棵树的使用量。

2. 以日本兵库县的标准（《果树全书》农文协）换算制成。

把氮肥和钾肥全年所需量的一半，磷肥的全年量作为基肥在2月时施入地中（主要是油粕和骨粉等有机肥料），剩余的量在采摘结束之前分2次用化学肥料进行追肥。

●·有机物、堆肥的施用

庭院栽培时，比起使用肥料来还是优先考虑进行土壤改良。果树所需的养分由干枯落下的枝叶分解后再到土中，这是自然的过程。我们就把平常割的草和落叶等进行腐熟变成的有机物、树皮等植物性堆肥施入树冠下。

大量地施用植物性堆肥

土壤改良材料（树皮等植物性堆肥、石灰）和基肥（油粕、骨粉、硫酸钾）

施用时间以11~12月为适期，即使只放在地表也很有效果。虽然所含的养分较少，但是可增加土壤的透气性和保水性，提高土壤贮存养分的能力，所以即使是不再施用化学肥料，果树也能维持生长。

细致的土壤改良是很费工夫的，所以在大规模的种植园就不得不依赖于肥料。但庭院栽培是为了享受乐趣，就不应该嫌麻烦了。

枝伸展但是很细，基部附近的叶片出现淡绿色，从枝的中间到枝尖不结果实时，这种现象就表明缺肥料了。首先用吸收快的化学肥料进行追肥，从第2年开始在出这种症状之前就进行施肥。

无花果需钙较多，所以在冬季施用石灰是很有效的。只是，石灰过量的话就致使土壤变碱性，

在树冠下施用树皮等植物性堆肥

由于施用了植物性堆肥，果树生长发育很顺畅

有时会引起微量元素不能被正常吸收的生理性障碍。

●● 在庭院中也能进行的土壤检测

虽然稍微有点儿专业，但是掌握了就能进行简单的土壤检测了。下面介绍一下即使在庭院中也能进行土壤检测的方法。EC（电导率）表示肥料养分的浓度，pH表示土壤的酸碱性。

无花果在生长发育过程中电导率若是低于0.2毫西/厘米时就要进行追肥。

pH大于7时，土壤为碱性，pH即使较低、EC也较高（根据土性不同也有差异，大约大于1.5毫西/厘米）时，就要控制石灰的施用。

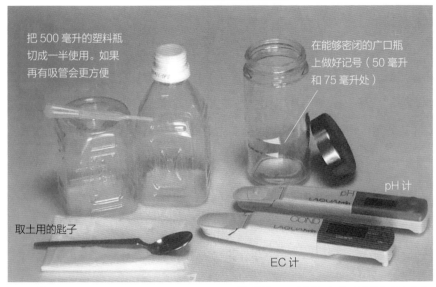

把 500 毫升的塑料瓶切成一半使用。如果再有吸管会更方便

在能够密闭的广口瓶上做好记号（50 毫升和 75 毫升处）

pH 计

取土用的匙子

EC 计

测量计（每种 1 万~3 万日元，折合人民币 650~1950 元）以外的可用现成的日用品。在瓶（约 100 毫升，透明并且能密闭）上预先于 50 毫升和 75 毫升处做好标记

简单的土壤分析程序

❶ 在瓶中装入干净的水（可能的话最好用蒸馏水）50 毫升。

❷ 放入要测定的土，使水面达到 75 毫升的位置。

❸ 上下晃动 2 分钟左右（一只手各晃动 1 分钟左右，不感觉很疲劳时即可）。

❹ 在瓶口上面放上 2 张重叠的抽纸（或滤纸）进行过滤。若不过滤也可，但容易损坏传感器。

❺ 用吸管吸取滤液，用测量计测定电导率和 pH（pH 计的传感器易劣化）。

病虫害、生理性障碍的对策

●● 不依赖农药的预防方法

以庭院栽培果树为乐趣的人们，大多数都不使用农药。

无花果与其他果树相比，其病虫害的发生少，所以无农药栽培也不是不可能的。从这个意义上说，无花果是适合庭院栽培的果树。但有时还是有几种比较棘手的病虫害发生。

有桑天牛产卵为害的痕迹时，用指甲摁压稍微鼓出的中央部分，桑天牛产的卵就会弹出。

在这里，针对特别需要注意的病虫害、生理性障碍等，介绍一些尽可能不依赖农药的预防方法。

桑天牛成虫

黄星桑天牛成虫

●● 天牛类

天牛类的成虫也能为害树枝等，但是主要是幼虫侵入枝干，在树中取食造成的伤害。

为害无花果的天牛类主要有桑天牛和黄星桑天牛这两种。桑天牛的成虫在 6~7 月出现，黄星桑天牛的成虫在 7~10 月出现。只要一发现虫子就应立即捕杀。

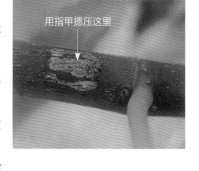

用指甲摁压这里

桑天牛在新梢基部先造成大约 1.5 厘米^{2}的四角伤口，然后 1 粒 1 粒地把卵产进去。用指甲摁压隆起的伤口中央部位（箭头所指部分），其卵就会弹出。在卵未孵化或虽已孵化但幼虫还未蛀入枝干之前，可以用指甲摁死卵、幼虫。

但黄星桑天牛的产卵部位不易确定，也就难以消灭卵。因为黄星桑天牛喜欢衰弱的树，所以尽量保护树，不要使其发生冻害和日灼等损伤。

天牛类的幼虫蛀入枝干后为害，在蛀孔处会有一些像木屑一样的虫粪。可从有虫粪的穴孔处插入铁丝，或注入专用的杀虫剂（如苄胺双菊）进行杀灭。

无花果粉蝶灯蛾的幼虫

●● 粉蝶灯蛾

近年来，无花果粉蝶灯蛾是在日本南部发生并逐渐扩大的一种蛾类害虫。

5~11月，经过几代成虫产卵，孵化的幼虫（毛虫）咬食叶片，短时间内就遍布全株，严重的时候把树叶吃得光秃秃的。

毛虫在幼龄时会成堆地隐藏在叶片背面。平常要注意观察，一旦发现成堆幼虫，就连叶片一块摘下。若有落漏的幼虫，可喷洒氯菊酯药剂进行防治。

受叶螨为害的叶片

●● 叶螨

叶片失去光泽、出现细小的斑纹并褪色时，就有可能大量发生了叶螨，严重时果实也同样褪色，一旦发现就用杀螨剂进行防治。有时为了防治其他害虫而喷洒农药，也能杀伤害虫的天敌，反而使叶螨发生量增加的情况时常发生。所以不要乱用杀虫剂就是最好的预防措施。

●● 蓟马

蓟马是体型很小的害虫，在6月时从果实顶端的孔进入花上并损伤内部组织，受害的部分发生褐变。果实还按时成熟，从外观上不好判断是否被害，生产者很伤脑筋，所以要在6月前后喷药剂进行预防。

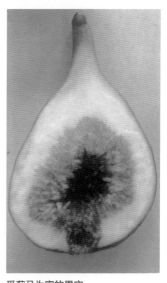
受蓟马为害的果实

但是果实褐变的部分就像是舌头上粘了粗粒砂糖的感觉，吃的话也没有害处。如果栽培是为了自家用的话，不防治蓟马也没有问题。

蓟马为害的几乎都是在8月成熟的果实，像玛斯义斯·陶芬这样的果实在9月以后才成熟的品种极少受到为害。

●● 疫病

疫病在梅雨季节和秋雨期易发生，从未成熟时开始，果实的一部分就像覆盖了一层白粉一样，呈水渍状腐烂。

被害的果实要及早摘除并带出田外深埋。另外，把下垂的枝提上去进行引缚，并疏除混杂拥挤的枝，使通风透光变好，为害就会大大减少。

●● 锈病

正如其名字一样，锈病是在叶片上有无数的红色铁锈斑点的病害。

因为主要在秋季发生，采摘大致结束了，即使不用防治也没有实际损失。不过，夏季下雨多的话发生就早，会引起早期落叶，有时会影响后面的采摘。如果在夏季就开始发生，则应及早喷洒己唑醇水分散粒剂进行防除。

受锈病为害的叶片

●● 黑霉病

黑霉病也叫"水烂病"，使将近成熟的果实又酸又臭，同时变软腐烂。黑霉病在秋雨期易发生。

用甲基托布津可湿性粉剂等杀菌剂可抑制其发生。但是，聚集在腐烂果实上的果蝇是病原菌的传播媒介，所以最重要的是已成熟的果实不要保留在树上。

用像丝袜这样质地柔软的有细孔的网，在果实成熟前1周左右套在果实上，虽然稍微麻烦了一点儿，但可防止果蝇的为害。

由黑霉病引起的水烂

●●根结线虫

如果把无花果树冠下的土挖出来，就会发现在根上有很多直径为 2 毫米左右，大的甚至接近 1 厘米的瘤子，严重时树势会衰弱。

这些根瘤是被在土壤中生存的根结线虫这一肉眼看不见的微小生物寄生后形成的。根一旦被寄生就难以除去该虫，即使再栽上新苗也会很快被为害。

最重要的预防方法是，带有根瘤的苗不要带回庭院中栽培，如果购买的苗上带有根瘤，可去购买处和他商谈进行换苗。还有，就是在现在栽培着的树上发现了根瘤也不必恐慌，少量的根瘤也不会导致树枯死。

对症的疗法，便是大量使用植物性堆肥活化土壤，创造有利于根扩展的条件。维持树势健康，树就能继续生长、发育、结果。

受根结线虫为害的根

●●重茬地

每年健康伸展的枝，经过 3 年左右就不再伸展了，虽然没有枯死，但树的衰弱状态长年持续。

原因不很明确，换栽也不能恢复，所以这片地叫重茬地，可能是土壤中的微生物（病虫害的增加或有毒物质的积累）造成的。和根结线虫同样的对策是施用大量的植物性堆肥，对树势进行补充，不过要想彻底解决问题，就需要换土或者移到新的场所栽植。

重茬地的被害树（眼前）和正常树（背后）

●●枯萎病

枯萎病会使平时正常伸展的新梢突然凋萎，整棵树完全干枯枯死。

这也是土壤中的病原菌造成的，病原菌侵染根并导致根输导水分和养分的系统受阻从而引起全株枯死。只要还有病原菌潜伏着，就可继续侵染为害。

无花果枯萎病症状

和重茬地一样，只能是完全换土或者换到新的场所去栽植。

作者多年来对重茬地和无花果枯萎病的抗病性等持续进行研究。最近，为解决这些障碍，研究出了用有抵抗力的砧木进行嫁接的苗，嫁接苗可以避免将来的患病风险。

值得庆幸的是，在庭院栽植的无花果极少发生枯萎病。虽然枯萎病是难以防治的病害，也不必那么担心，不使用砧木嫁接，用一般的自根苗就可以。

除了害虫和病害以外，还有气温、养分、水分的过量或不足引起的伤害。虽然具体原因搞不清楚的情况也有，但是同样不能诊断错了。下面介绍一下主要的生理性障碍和预防措施。

●●冻害

带有热带祖先基因的无花果，对于寒冷的地区是不适应的。特别是作为主栽品种的玛斯义·陶芬，耐寒性差就是它的缺点。

关于寒冷的问题，比起冬季的冻害来，早春的晚霜更令人担心。

遭受晚霜的新梢枯死，枝的上面坏死形成干巴巴的秃顶，容易受天牛的为害。春季的果树刚准备开始发芽时，耐冻性会降低。另外，放射性冷却现象使得早晨就像冬季一样寒冷，而中午时气温还很高，这么大的温度差异更容易导致冻害发生，在晚霜多的地区要切实采取有效措施，以彻底预防冻害的发生。

作为预防来讲，至少要把主枝保护好，将稻草等缠到树枝上，有时候稻草不易买到，为了防止放射性冷却和直射的日光，可用镀铝的薄膜或无纺布代替稻草，把整根枝包好也很有防冻效果。

由于冻害引起主枝的损伤

4月底或5月初时，早晨的寒冷也缓和了，新梢多数也伸展了，就可以撤掉稻草等覆盖物了。

●●叶片的异常

新梢伸展的时候叶片出现皱缩畸形的现象，可能是枝内的树液流动因一时紊乱引起的，但是

嫩梢的异常（原因不清楚）

70

不知道确切的原因，也没有很好的对策。这种异常只发生在枝基部的几个叶片，以后的叶片会正常伸展，所以要再观察一段时间。

另一种是营养元素的原因引起的类似症状。在地里栽植的虽然发生不多，但是用盆钵栽植的，容易发生土壤干旱、肥料淋溶等就会产生叶片异常的现象。

出现枝顶端的叶片褪绿变硬，新梢生长停止的症状是因为缺乏铁和硼这些微量元素。特别是使用有机质少的土壤，用盆钵栽植时只用氮、磷、钾三种大量元素肥料时，必须注意施用微量元素肥料。

微量元素的缺乏导致生长停止的新梢顶端

还有一种在盆钵栽植中常发生的，是在刚出梅雨季节，还没有适应强日照的叶片出现突然凋萎、干枯的现象。有时叶片边缘干枯是暂时的，只要让土壤保持一定湿度，这种现象就不会再扩展。

刚出梅雨季节后的叶枯现象

●● 果实的异常

果肉失去水分呈现像海绵一样的状态，果皮还能着色的现象，称为"白熟"。在出梅雨季节时较多，可能是由于根扎得浅而产生急剧的水分应激反应导致的。要进行土壤改良，使根再扎向深处。

在绿色幼果的表面出现了像照片中那样的黑斑，并不是病害，是叶片和果实相互摩擦造成的。要进行疏枝，使枝与枝之间不要混杂拥挤，同时根据需要用支柱把新梢固定住，以防止枝、叶片、果实相互摩擦。

与叶片摩擦引起的果皮障碍

问题很多的树再生的方法

●•把一定数量的新梢进行均等的配置

本部分介绍了在管理当中遇到问题很多的树时，使之再焕发生机的实例。

因为没有很好地整枝修剪，所以树形确实不像样。但是，即使有在第 50 页中所表示树形的一种基本形态，对于栽培果树来讲也没有多大的意义。最重要的是要尽可能地把适当长度的新梢配置成合理的密度。

去年枝细长瘦弱，是因为未及时抹芽，枝留得过多，还有可能是肥料不足

放任不管的蘗伸展得很长

由于冻害，主干枯死被砍，原来的主枝也消失了

只好用地面上直接出来的枝代替主枝，让枝沿着地面匍匐伸展

例如，对玛斯义·陶芬品种来讲，1.2~1.5米停止伸展的新梢，1米^{2}内配置2~3根是比较理想的，一般地10米^{2}内分散配置25~30根，新梢就能自然地得到适当的长度。

换句话说，把一定数量的枝均等地配置在一定的面积内，只要遵循这一原则，树形自身就不会发生问题。

原先不好的1棵树采摘量达到了15千克左右。

虽说不要太注重树形，但是像图中显示的一样让枝沿着地面匍匐伸展，会因地表的寒冷使枝易受冻害，果实也会被杂草覆盖，诱发疫病。

正确的做法：首先是把树的骨干枝支撑起来，把新梢的密度和数量配置得与基本原则相接近。这样做，树体会从不像样的状态恢复过来，基本能达到1棵树的产量水平，虽然说没有完全恢复正常，1棵树也采摘到了15千克，算不上很好，但是这块地是含水量较充足的土地，基本上没怎么浇水，病虫害发生得也很少，还采用了无农药栽培。

如果你身边也有这样的树，请挑战一下使之再生吧。

❶ 选伸向 4 个方向的粗枝作为主枝（2 月）。

❷ 疏掉混杂拥挤的枝，剪掉过长的枝。

❸ 因为主枝太低，所以要用支柱支撑起来。

❹ 在主枝上缠上稻草，以预防早春的寒冷（2 月）。

❺ 在土壤改良时施用树皮等堆肥，施基肥时要用有机质肥料。

❻ 进行抹芽，留下像成树一样的新梢数（25~30 根）。

❼ 切除蘖，及时进行除草（6 月）。

❽ 对于晚发芽的新梢要进行 2~3 次抹芽。

❾ 对下垂的新梢，在树中央立上支柱，将其吊起来。

❿ 少施一点儿底肥（10 月），冬季时进行修剪（第 2 年 2 月）。

即使在庭院中也能简单地进行插枝

●●利用插枝进行繁殖

无花果，一般是利用插枝来繁殖苗。插枝即使在庭院中也能简单地进行。要想增加树的数量，扩大种植规模的话，就挑战一下吧。

无花果的枝在所有的果树当中算是容易生根的，只要掌握插枝要领，就不会失败。插条的发根和发芽，因品种不同其时间早晚差异很大，有如玛斯义·陶芬这样早发芽的品种，也有需较长时间才发芽的品种而被误认为是失败了。要想插条成活生长，就需要耐心等待，也许在你即将忘记了的时候，芽也萌发出来了。

●●插条的选取

插枝的时期以3月下旬为适期，请按照第75页中的制作方法实施。

在插枝之前选取去年枝作为插条。也有不能现用现取的时候，即在冬天时便从去年枝上采取、冷藏的情况，就要用浸湿的报纸将插条卷起来再用塑料袋包起来进行保湿。

在去年枝上切取20厘米左右作为插条，所切的插条上至少要有2个节。作为插条，在去年枝上虽然任何部位都能用，但是尖端部发芽早、发根晚，所以最好要避开。选取中、下部的最合适。

如果是发芽、发根晚的品种，在插条基部抹上生根剂会提高成活率。

●●插枝的方法

把插条插到鹿沼土中，这样的肥料养分少，保水性和透气性好。用盆钵进行插枝的，应调整插条使埋入土中的部分占长度的6成左右，这时，土中和地表以上各有1~2节。千万注意，插条不要上下颠倒了。

浇入充足的水后把土压实，固定好插条。盆钵不要放在有直射日光的地方，以后也要认真地浇水，不能出现干旱。

像气球一样膨大的圆形物，不是新梢而是夏果，如果看到的话就及早地摘除。

❶ 选取含 2 节以上的一段约 20 厘米长的枝切下来作为插条。

❷ 在插条下部抹上生根剂，会提高成活率（发芽、发根早的玛斯义・陶芬等品种不需要抹生根剂）。

❸ 埋入鹿沼土等土中，埋入深度占插条长度的 6 成左右。土中和地表各有 1~2 节。

❹ 浇入充足的水后，把表面的土压实。

❺ 如果发现有夏果长出，要及早地摘除。

❻ 新梢再次伸展时，就施入少量的肥料。

❼ 把伸展好的新梢留下 1 根，其余的摘除。

❽ 如果生长顺利，在夏季前后就可作为苗进行栽植了。

❾ 如果急着整理枝形，就摘心，把出来的副梢作为新梢培育。

只靠插条自身的营养，待新梢上展开2~3片叶时，便暂时停止了生长。等再发出新芽，证明根也在正常地伸展时，要施入少量的肥料。

把伸展好的新梢留下1根，其余的全部摘除。如果生长顺利，在夏季前后，就可作为苗进行栽植了。在栽植时尽可能地不要伤到根。如果急着整理枝形，可留下1根新梢把其余的进行摘心，使再出来的副梢伸展作为新梢（2~3根）培育。

制作插条苗时也不一定完全按照这种方法。只要保证湿度，随意培养也能造出苗。

盆钵、木箱栽培的要点

●●能充分利用有限的空间

没有土地空间的楼上阳台和屋顶，即使是在庭院当中，这么大的树单是伸展的场所都很难找，因此用盆钵、木箱栽植果树的人有很多。

当然，盆钵、木箱栽培与露地栽培相比，最大的不同就是用土少，根不能自由地扩展，相应地枝叶的生长也就受到抑制，每棵树的采摘量也就相应地减少。但在有局限性的空间能放得下树，这就是最大的优点。

●●用盆钵、木箱栽培的方法

用20升塑料盆的栽培实例，在第78~79页中通过照片和文字做了详细介绍，请参考。

用土

栽培用土最好是选用透气性和保水性二者兼备的土壤。市场上卖的果树栽培用土是很合适的。不过，作者

即使用盆钵栽培，也能品尝到完熟的果实

还是喜欢用能长年维持透气性的鹿沼土和蛭石的混合用土。

浇水和施肥

盆钵、木箱栽培，因为用土少，所以必须要频繁地浇水。尤其是夏季每天都要浇水，如果外出没人管理就要借助于自动浇水设备。

重复多次浇水，土壤中的养分就流失了，所以在果树生长期间（3~10月），要及时地施入液体肥，以防缺肥。如果使用逐渐溶解释放的缓效性肥料代替，可省去由于频繁施肥而耗费的工夫。如果事先把缓效性肥料配合在栽培用土中，在栽植后的2个月左右的期间内就不用再施肥了。所施的肥料中不仅要有三大元素（氮、磷、钾），还要有镁、锰、铁、硼等微量元素。

鹿沼土和蛭石的混合土是几乎不含有机物的，虽然透气性好，但微量元素容易缺乏是其缺点。大多数的缓效性肥料只含有三种大量元素，所以一定要注意不能缺少了微量元素。

栽培果树用的又细又深的盆钵

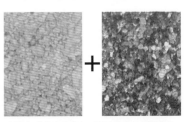

鹿沼土（左）和蛭石的混合土，微量元素容易缺乏是其缺点，不过其通气性能保持多年

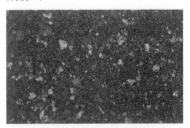

掺入有机物的盆钵果树用的培养土

果树、庭院树用的培养土

❶ 把苗准备好，如果根缠绕在一起，就用剪刀等梳散开。

❷ 把根向四方扩展开（夏季梳理对根有损伤，所以不要在夏季进行）。

❸ 在盆底放上小石子，然后装入培养用土至盆高的一半左右。

❹ 放上苗，把剩余的土填入。

❺ 浇入充足的水，把整个土压实。

❻ a. 把树干进行回剪（通常是在离土面 20 厘米处剪切）。

❻ b. 要想使其从更低位置的新梢伸展，就再剪短一些。

❼ 4 月下旬前后就开始发芽。

❽ 在 5 月时留下 2~3 根新梢，把其余的摘除。

❾ 施肥时用缓效性肥料更方便。

❿ 如果使用的是有机物少的用土，一定要添加微量元素。

⓫ 浇水次数，春季、秋季每周1~2次，夏季每天1次。

⓬ 出门期间，想办法用自动浇水的设备进行浇水。

⓭ 一发现新蘖，就立即将其除去（6~7月）。

⓮ 对于伸展长的新梢，用支柱等支撑起来（7月）。

⓯ 如果状态好，在栽植当年就能坐果。

⓰ 把新梢从根基部2节左右处进行回剪（第2年2~3月）。

⓱ 在第2年的2月前后进行施肥。

新梢的密度和长度

盆钵和木箱的大小，也就是用土的量决定了果树的大小，所以新梢的数目要与之相对应。

例如，玛斯义·陶芬，用 20 升的盆钵以留 2~3 根新梢为宜，比此更大的盆，只是把大的那部分对应的新梢数增加即可。理想的新梢密度和长度，不管盆钵栽培还是庭院栽培，都是一样的，所以要考虑好根据盆钵、木箱的大小来决定留下与之相适应的枝数。

用盆钵栽植树的成叶（10 月）

具有独特风味的适熟果、完熟果

●● 修剪的要领

修剪的要领和庭院栽培的相同。

在 3 月时把去年的新梢从基部 1~2 节处进行短截，把发生的新梢各留 1 根，其余的摘除。盆钵一定要放在日照好的地方。如果放在土面上的话，为了不让根钻出盆底，要用混凝土块等物体把盆与地面隔离开。

用塑料盆栽植，在栽植的当年不结实，从第 2 年开始就能享受到采摘的乐趣。以作者的经验，至少 10 年没有另外换栽。使用透气性好的培养土，肥水管理也不要懈怠，每年都进行短截修剪，就不用担心树的衰弱问题。

第三章

无花果的营养、
利用和加工

具有独特风味的适熟果、完熟果

无花果的营养和功能

●● 最早作为人类食物来源的水果

我们看到过这样的影像，在热带生活的猴子，一边以灵巧的身体越过枝梢，一边很香地大口吃着树的果实。就像影像中所记录的，当时这些树的果实一般都是无花果属的植物。

在第一章的开头，讲述了在人类生活中无花果具有多么古老的历史，但是比起人类来，也许更应该说是作为灵长类动物食物的水果。

晚秋的果实虽然扁平，但是果肉中含果胶很多

●● 主要的营养成分

无花果的果肉中水分占 85%，糖分占 11%，能量每 100 克含 54 千卡，大约是香蕉的 2/3。

在可食部分中，100 克香蕉和 150 克无花果含有大致相同的能量。酸的含量极少，有丰富的钾等矿物质，这一点与香蕉很相似。但是，无花果的甜味种类和香蕉的不同，香蕉含蔗糖 70%，无花果含葡萄糖和果糖各 50%。因此香蕉的甜味很重，吃后还有留在舌头上的感觉；无花果吃后在舌头上没有残余的甜味，而是非常爽快的感觉，冷藏一下再吃，会感觉更好吃。

和别的果实相比，虽然无花果含钙量比较高，但和柑橘、脐橙的含钙量差不多，不能依靠吃无花果来作为补充钙的主要来源。

●● 含有丰富的食物纤维

无花果的果实中含有丰富的食物纤维。食物纤维分为水溶性的和非水溶性的。水溶性的食物纤维对胆固醇、油脂和镉等的吸附排泄有效果，非水溶性的食物纤维可增加胃肠内容物的量，使消化吸收变得缓慢。

无花果果酱

根据两者的作用，除可期望抑制血糖上升和改善脂肪代谢外，还可调整肠道内的细菌环境，降低患大肠癌的风险，促进排便和改善拉痢的效果。无花果中的食物纤维无论水溶性的还是非水溶性的，都含有很多。

在有关中药的记载中，对无花果的功能列举了促进消化、解毒、抑制拉痢等（要注意上述功能是以适量摄取为前提的）。

无花果的果实中还含有丰富的果胶。果胶和糖、酸一起加热就会呈果冻状，所以很适合做果酱。果胶的含量，根据无花果的品种和果实采摘时期的不同也有差异，在深秋以后采摘的果实中的含量特别多。

●● 无花果蛋白酶

无花果的白色乳液中含有一种蛋白酶，对蛋白质的分解具有很强的能力。因此，接触到乳液的皮肤就会变粗糙，有时还会留下伤疤。即使对无花果操作熟练的生产农户，如果不做好防护就作业，也避免不了伤及皮肤形成斑痕，使皮肤变硬。

这样的蛋白酶虽然对人体皮肤有伤害，但也因为它有这个作用，有利用无花果枝、叶的乳液去除、治疗瘊子的民间疗法。

另外，无花果蛋白酶可使煎炒的肉变柔软，有助于消化。在嫩炒的猪肉和鸡肉上浇上无花果的辣酱油，在吃了烧肉或烤肉块后再吃点儿无花果，是非常合理的食物搭配。

从枝的伤口流出乳液

在吃了肉类后，作为饭后水果，无花果最合适

•• 多酚等

近年来，多酚的抗氧化作用和生理活性机能备受关注，而无花果中含有芦丁和绿原酸等多种多酚。

无花果的主要色素是花青素，越是皮色浓的品种其果肉的色泽也浓，随之抗氧化作用也就越高。

果沙参中含有的补骨脂和佛手柑内酯这些多酚也具有降压作用。有人指出，无花果会引起皮肤炎症，接触无花果的皮肤会发生糜烂，除了无花果蛋白酶之外，也可能与这些成分有关。

无花果中还含有芳香成分的苯甲醛诱导体，虽然还不确定，但是有关于其对癌的发生有抑制效果的报道。

虽然无花果中含有如此多的对健康有益的成分，但是在饮食方面要注意营养平衡，不能吃得过量，平时可以适当吃一点儿品尝一下味道，享受一下乐趣。

无花果的利用和加工

无花果的果肉柔软、酸味少、甜味温和，鲜艳的红色和白色的果肉非常漂亮，所以经常用来作为点心等的点缀品。

由于受销售期的限制，能够品尝其味道的季节也就局限在从初夏到秋季这段时间。

●● 品尝它的原味

首先，直接品尝它的原味。没有什么特别的吃法，像图中这样将其顶端朝下用一只手拿着，如同剥香蕉那样从果柄的部分剥开皮然后送到嘴里，既防止了把手和嘴弄脏，又可不浪费地品尝到果肉。也可连皮切成两半，用匙子挖着吃，很适合作为饭后的水果。

吃小果型品种时，可捏住果柄连皮大口吃。也许对舌头来讲，果皮的表面多少有点儿粗糙感，但这也是最简单方便的吃法，加上果皮的风味，能品尝到更浓厚的味道。

完熟的果实太柔软，不方便剥皮，带着皮的话，正好皮包着果肉不会掉落造成浪费。小的果实，那就等到稍微过熟一点儿再采摘，试一下连皮一块儿吃吧。皮裂开口，在嘴中可尽情地享受甜的果汁扩展的味道。

在市场上见不到这样的果实，庭院栽培的，才可以享受到这种奢侈的吃法。

从果柄的部分开始剥皮

像剥香蕉那样剥皮后再吃

●●果酱

无花果中含有丰富的果胶。即使是初学者，也能在很短的时间内简单地做出具有很好风味的果酱。

因为果肉很柔软，剥去皮之后用 1/6 或 1/4 的果肉就可做成果酱，享受到果肉的原味。当然，再切细的话还可做成黏糊糊的果酱。

刚做成的果酱既新鲜又好吃，装到煮沸消毒后的瓶里，再进行杀菌，能保存几个月。

用无花果做成的果酱

材料

无花果（去皮的）500 克、绵白糖 150~200 克（适合自己的甜度）、柠檬汁 1 匙，根据个人爱好可加白兰地 1 匙。

装到煮沸消毒后的瓶里

制作方法

❶ 把无花果剥去皮，取 1/6 或 1/4，或根据个人喜好的量。

❷ 把 ❶ 中弄好的材料放入搪瓷锅中，撒上绵白糖并混合，放置 20~30 分钟等到水分出来。

❸ 把柠檬汁放入 ❷ 中，用强的中火煮。

手工做的温和甜品的魅力

❹ 煮沸时边舀出漂起来的杂质边煮 10~15 分钟。如果沸腾飞溅，就把火调小一点儿，用木铲不断地搅拌。在搅拌的过程中锅底一出现"一"字形，就立即把火关掉。

❺ 在还热的时候加入白兰地（根据个人喜好选择添加）。

"提示"

● 加入 1 根肉桂棒煮味道更佳！把无花果切成 1/2 后，再切成 1 厘米厚，或者用磨碎机磨碎，会做出黏糊糊的果酱。

◉◉ 蜜饯

因为将完熟的无花果切好放到盘里后会柔软变形，所以可制作成蜜饯，选略微未熟的无花果最合适。同果酱一样装入煮沸消毒后的瓶中再杀菌，能保存几个月。

下面介绍一下将无花果的皮放入糖浆中，可很好地提高色泽和风味的做法。

材料

无花果 7~8 个、红葡萄酒 400 毫升、水200 毫升、绵白糖 200 克、柠檬汁 1 匙（大匙）、香草棒 4 厘米（用刀切一下）。

制作方法

无花果蜜饯

❶ 把无花果轻轻洗一下后剥去皮（皮不要扔掉）。

❷ 将红葡萄酒、水、绵白糖、柠檬汁、香草棒和 ❶ 中剥掉的皮等全部放入搪瓷锅中加热，煮制糖浆。

❸ 在煮好的 ❷ 中把 ❶ 中的无花果果实放入后关掉火。蒙上纱布使无花果的表面都浸入糖浆中腌制一下，然后冷却。

❹ 把冷却降下温来的无花果果实一个一个轻轻地放到篓筐中，注意不要弄变形。接着对糖浆进行加热，把煮好的无花果果实再放回搪瓷锅中，盖上纱布冷却。这样反复做 2~3 次直到无花果变软。

"提示"

• 无花果的果肉本来就很柔软，所以也可不煮，保留原有的生食风味。

• 把无花果果实放入煮沸的糖浆中咕嘟咕嘟地加热 10~15 分钟，然后再使之冷却，就简单地做成了蜜饯。煮沸时果实的形状容易被弄坏，所以应选用略微未熟的无花果。

• 红葡萄酒和无花果的皮都带有深红色，如果使用多酚含量高的红葡萄酒，会呈现更浓的紫色；如果使用玫红葡萄酒，就会成为粉红色（如果是制作蜜饯冻，就使用玫红葡萄酒）。

●● 蜜饯冻

把无花果的香味溶解到糖浆的煮汁中做
成的果冻。

材料（4 个无花果的量）

〈果冻〉 蜜饯的糖浆液 300 毫升，明胶
5 克。

〈装饰配品〉 无花果蜜饯 2 个（或者
是生的无花果也可）、生奶油 4 匙（大匙）。
奶油干酪 2 匙（30 克）。

无花果蜜饯冻

制作方法

❶ 用蜜饯糖浆的一部分（2 大匙）浇到明胶上。

❷ 把糖浆用火加热至沸腾，停火后立即把 ❶ 的部分放入，使之充分地混合溶
化。装入容器中，冷却使之凝固。

❸ 根据个人喜好的大小，将无花果蜜饯切成所需的形状。

❹ 奶油干酪在室温条件下变软后，把生奶油一点儿一点儿地加入掺混，搅拌
成流滑的奶油状。

❺ 把 ❹ 装入 ❷ 中冷却凝固的果冻容器中，展开弄平，然后再把 ❸ 放在上
面就完成了。

●● 凯撒沙拉

用干酪和无花果一起制作凯撒沙拉非常匹
配，在饭桌上显得非常豪华。

在这里使用的材料除去蔬菜外，还可加
入鳄梨、炒好的西葫芦和杏鲍菇、海鲜（煮
后剥皮的虾仁、鱿鱼、扇贝等）和生火腿等，
每次都可尽情地享受到凯撒沙拉的美味。

含有无花果的凯撒沙拉

材料

无花果、凯撒沙拉酱、卷心菜（切细）、阳光生菜（切细）、生菜（切细）各适量。

制作方法

把材料放入沙拉碗中，上面放上点儿凯撒沙拉酱。

●● 无花果梅酒冰激凌

如果是看到无花果冰激凌，就狂热痴迷的程度，不如用香草冰棍自制，再加上自家造的梅酒，那更是货真价实，令人喜欢。

在无花果上浇上凉的梅酒

材料（一个人的量）

无花果（剥去皮）、香草冰棍、梅酒各适量。

制作方法

根据个人的喜好，把无花果和香草冰棍切好后放入碗中，浇上梅酒。

●● 无花果大福

一口吞大小的大福，无论用手拿着还是送入口中，都会感觉到出乎意料的柔软。

材料（8个大福的量）

无花果（带着皮）2个、豆沙馅160克、白面粉60克、绵白糖10克、水90克、猪牙花粉适量。

无花果大福

制作方法

❶ 把无花果连皮切成 1/4 或者 1/6 的大小，把头和底部切掉，弄成近似于立方体的形状以便包装。

❷ 将豆沙馅平均分成 8 份（每份 20 克），把 ❶ 中的无花果包好。

❸ 在耐热的碗中，把白面粉、绵白糖、水加入后溶化并搅拌。

❹ 蒙上保鲜膜，放入烤箱中烤 2 分钟后取出来，充分搅拌。再放入烤箱中烤 1 分钟后取出并进行搅拌。再一次放入烤箱中烤 1 分钟左右，只要鼓起来就可以了，所以要仔细地看着进行加热。

❺ 趁热把烤箱打开，把猪牙花粉撒到铺设的平盘上，把烤的素坯分成 8 等份，趁热把烤的素坯和 ❷ 包起来，即大功告成。

"提示"

• 豆沙馅，选用白豆馅或小豆馅都行。

• 无花果，不剥皮也可，剥了皮也能做成。虽然用豆沙包时有点儿难包，但是做好的无花果大福，其柔软度是非常好的。

• 如果是小果型品种，建议只切掉果柄，其余的全包进去。

●●• 无花果冰棍

无花果丘比特（立方体）冰棍，用制冰皿制作，方法简单！在炎热的夏天，看起来典雅，吃起来凉爽可口，能让人放松舒心地喘口气。

冰棍

材料（17 厘米 ×8 厘米的制冰皿 1 台）

〈牛奶味〉 无花果（剥去皮）1 个、牛奶 200 毫升、绵白糖 60 克。如果有的话再准备细长棒或牙签。

制作方法

❶ 在牛奶中加入绵白糖使之充分溶化。

❷ 把无花果切成能放入制冰皿中的大小。

❸ 把 ❶ 中的混合液倒入制冰皿中，深达 1 厘米左右。

❹ 把 ❷ 中的无花果放入制冰皿的量器中，把 ❶ 中剩余的混合液全部注入量器中。

❺ 如果有细长棒或牙签，便将其斜着插到里面，然后再放到冰柜中等待冷冻凝固。

〈果汁味〉 无花果（剥去皮）1个、苹果汁（果汁100% 纯度）200毫升，如果有的话再准备细长棒或牙签。

用同样的做法制作果汁味的冰棍，材料中只把牛奶和绵白糖替换成苹果汁即可。

●● 无花果馅饼

无花果馅饼与红茶非常配。在馅饼上淋上黑醋，更能品尝到无花果的味道。

首先，准备制作馅饼和杏仁奶油的材料，最后放入果馅，用烤箱烤制而成。

无花果馅饼

材料（21.5 厘米型 1 台）

〈A〉饼皮：无盐黄油（降至室温）70 克、砂糖 35 克、蛋黄 1 个、面粉 130 克、杏仁粉 20 克。

〈B〉杏仁奶油：无盐黄油（降至室温）40 克、砂糖 65 克、鸡蛋 1 个、朗姆酒 1 匙（大匙）。

〈C〉果馅：无花果 6 个（带着皮）、黑醋 1 匙（大匙）、朗姆酒 1 匙（大匙），可根据个人喜好添加。

制作方法

〈A〉制作饼皮

❶ 在黄油中加入砂糖，用打蛋器搅拌均匀。

❷ 把蛋黄放入 ❶ 中，搅拌均匀。

❸ 把过筛的面粉和杏仁粉加入后搅拌均匀，饼皮就做成了。

❹ 把饼皮放入圆盘中，切一块比圆盘还大的保鲜膜上下裹起来放入冰箱中冷藏 1 小时以上。

〈B〉制作杏仁奶油

❶ 把黄油和砂糖用打蛋器搅拌均匀，加入鸡蛋后再进一步搅拌。

❷ 把过筛的杏仁粉加入搅拌，加入朗姆酒后再搅拌。

〈C〉制作馅饼

❶ 切一块保鲜膜，在果馅饼皮的上面拉拽使保鲜膜伸展开。将果馅饼模具全部装满后，把边缘用细棒割掉，用叉子在一面上开孔。把装好饼皮的模具一块儿放入冰箱中冷藏 1 小时以上。

❷ 把无花果切成 4~6 块的半圆形，或纵切或切成个人喜好的形状，放入烤盘中，淋上黑醋。

❸ 把杏仁奶油放入 ❶ 中，将其摊平。

❹ 把 ❷ 中的无花果稍微重叠地全部密摆开。烤盘中剩余的黑醋也全部浇上。

❺ 把 ❹ 放入预热的 180℃的烤箱中烤 45 分钟，注意颜色的变化，看到将要焦时把温度调整到 160℃，再烤 15 分钟。

❻ 感觉不热时，在其表面涂上朗姆酒，果馅饼就做成了。

"提示"

● 根据个人喜好，在烤好的果馅饼上撒上干酪粉，更能享受到浓厚的味道。

干燥和冷冻的保存方法

●● 干果

完熟的无花果果实，在室温下几乎 1 天也不易保存，但是如果放在冰箱中就能保存 2~3 天。

要想长时间保存，除做成果酱或果盘装到消毒的瓶中外，还可用干燥法。在很多国家，无花果作为干果食用的利用率比生果还多。制作干果，最常用的方法是用晴好的日光晒干，这样无花果的风味还凝缩在其中。

在中东和地中海沿岸，因湿度低，无

无花果干果

花果即使在树上也能自然地晾晒成干果。

　　大多数是在采摘后的一段时间内，在充分考虑通风好的同时，把果实切成薄片状或切成半圆形，巧妙地利用晴天的日光晒干。

　　在湿度大的日本，自然晾晒容易使无花果生霉，所以采用人工加热烤制成干果的方法最为合适。

从土耳其进口的无花果

●● 用烘干机烘干

　　把无花果鲜果进行人工加热制成干果，在日本最常用的方法是利用烘干机进行机械烘干。有斑状果皮的无花果果实，先将其剥掉，再放入烘干机中，用适宜的温度长时间烘干，甜味仍然留在其中，从而制成干果。

　　在日本，无花果（丰蜜姬）的主产地日本筑前朝仓镇（位于福冈县的中部），用烘干机烘干鲜果前，作为干果直接食用时，为了提高口感可剥去果皮，用于做面包等加工处理时，为了体验其本来的味道，就不用剥皮。

　　所用的烘干机，有家庭用简便的，也有专业用的，多种多样，从商场或网店都能买到。

作为干果的商品化（日本福冈县筑前朝仓农协）

含有无花果的冰激凌

●● 用烤箱烘干

用烤箱在短时间内就能简单地烘干。

首先，把3个无花果切成6块，摆放到垫有烹饪薄板的烤盘中。用600瓦烤4~5分钟时果汁就会流出来，所以薄板要稍微倾斜一点儿，以除去果汁。

把烤箱内的水分等擦干净，再烤3~4分钟，为了防止粘住，要更换垫的烹饪薄板。

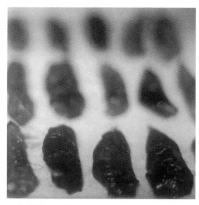

用烤箱烘干无花果

接下来的烤制过程中，用500瓦一分钟一分钟地烤，边烤边观察无花果的状态，一直烤到自己喜欢的程度就可关掉电源。在除去水分那一步完成后，也可以取出用日光晒至所需的程度。

烤制的无花果因为是半生的烘干果，所以要放到冰箱内保存，也要尽早吃为好。

●● 冷冻保存与解冻

冷冻保存虽然比较占空间，但是却是最简单的保存方法。把采摘的无花果果实装入带有拉链的塑料袋等物品中，放入冷冻库中即可。

解冻后的果实，因为没有了新鲜的口感和鲜艳的色泽，适合加热后再食用。

因为无花果不耐存放，所以在很忙的采摘期可以暂且保存到冷库中，等有空时再慢慢地制作各种各样的无花果加工品，从而尽情地品尝享受无花果的味道。

把冷库中的无花果取出放在水中，用手搓就能顺利地剥掉皮。可以做成果酱或加工成果盘、肉料用的辣酱油等。不剥掉皮，直接把冷冻的无花果切开，可做成烘干果或用来烤制点心等。通过冷冻保存，即使在冬天也能尽情地享受到无花果馅饼，是件很高兴的事情。

在一年中您可随时尽情地品尝到各种形式的无花果风味。

参考文献

「果樹全書　ウメ・イチジク・ビワ」農文協編（農文協）

「果樹園芸総論」小林章著（養賢堂）

「果樹園芸原論」中川昌一著（養賢堂）

「果樹の病害虫診断事典」農文協編（農文協）

「落葉果樹の品種・イチジク①～③」中岡利郎執筆（日園連）

「イチジク栽培におけるいや地現象の原因と対策」細見彰洋執筆（養賢堂）

「果実の科学」伊東三郎編（朝倉書店）

「イチジクにおける食品としての機能性」高橋徹執筆（日園連）

「農林水産植物種類別審査基準いちじく種」（農林水産省）

「新特産シリーズ　イチジク」株本暉久編著（農文協）

「イチジク果実の発育に関する研究」平井重三執筆（大阪府立大学）

「イチジクの作業便利帳」真野隆司編著（農文協）

「図説　果物の大図鑑」日本果樹種苗協会ほか監修（マイナビ出版）

「The Fig」Condit 著（Chronica Botanica）

「Fig Varieties: A Monograph」Condit 執筆（University of California・Berkeley）

「日本食品成分表（七訂）」（医歯薬出版）

「手づくり食品」ベターホーム協会編（ベターホーム出版局）

「和歌山の果樹」C1巻C～8号

SODATETE TANOSHIMU ICHIJIKU SAIBAI·RIYOKAKO by Akihiro Hosomi Copyright © Akihiro Hosomi 2017 All rights reserved

Original Japanese edition published by Soshinsha Co., Ltd.

Simplified Chinese translation copyright © 2020 by China Machine Press

This Simplified Chinese edition published by arrangement with Soshisha Co., Ltd., Tokyo, through HonnoKizuna, Inc., and Shinwon Agency Co. Beijing Representative Office Beijing

本书由株式会社创森社授权机械工业出版社在中国境内（不包括香港、澳门特别行政区及台湾地区）出版与发行。未经许可之出口，视为违反著作权法，将受法律之制裁。

北京市版权局著作权合同登记 图字：01-2019-4224 号。

设　　计：Birezzi 书社、寺田有恒
摄　　影：细见彰洋、三宅岳、樫山信也、Green sam（石井昭文）等
取材、协助拍摄：藤井延康、居村好造、谷野英之、日本大阪南阿斯卡台库路待羽曳野店、
　　　　　　　　日本岛根多伎无花果生产部会、日本筑前朝仓等
协助执笔：细见和子
校　　正：吉田仁

图书在版编目（CIP）数据

图解无花果优质栽培与加工利用 /（日）细见彰洋著；
赵长民译. — 北京：机械工业出版社，2020.3（2025.2重印）
ISBN 978-7-111-64427-9

Ⅰ. ①图… Ⅱ. ①细… ②赵… Ⅲ. ①无花果 – 果树园艺 – 图解
②无花果 – 加工利用 – 图解 Ⅳ. ①S663.3-64

中国版本图书馆CIP数据核字（2019）第286943号

机械工业出版社（北京市百万庄大街22号　邮政编码100037）
策划编辑：高　伟　责任编辑：高　伟
责任校对：宋逍兰　责任印制：张　博
北京联兴盛业印刷股份有限公司印刷

2025年2月第1版第3次印刷
151mm×216mm·3印张·98千字
标准书号：ISBN 978-7-111-64427-9
定价：35.00元

电话服务　　　　　　　网络服务
客服电话：010-88361066　　机　工　官　网：www.cmpbook.com
　　　　　010-88379833　　机　工　官　博：weibo.com/cmp1952
　　　　　010-68326294　　金　书　网：www.golden-book.com
封底无防伪标均为盗版　机工教育服务网：www.cmpedu.com